中国轻工业“十三五”规划教材

家具
造型设计

肖　飞　编著

中国轻工业出版社

图书在版编目（CIP）数据

家具造型设计 / 肖飞编著. —北京：中国轻工业出版社，2020.12

ISBN 978-7-5184-2888-5

Ⅰ. ① 家… Ⅱ. ① 肖… Ⅲ. ① 家具 - 造型设计 Ⅳ. ① TS664.01

中国版本图书馆 CIP 数据核字（2020）第 021129 号

责任编辑：陈　萍　　责任终审：劳国强　　整体设计：锋尚设计
策划编辑：陈　萍　　责任校对：吴大鹏　　责任监印：张　可

出版发行：中国轻工业出版社（北京东长安街6号，邮编：100740）
印　　刷：艺堂印刷（天津）有限公司
经　　销：各地新华书店
版　　次：2020年12月第1版第1次印刷
开　　本：787 × 1092　1/16　印张：7
字　　数：220千字
书　　号：ISBN 978-7-5184-2888-5　定价：42.00元
邮购电话：010-65241695
发行电话：010-85119835　传真：85113293
网　　址：http://www.chlip.com.cn
Email：club@chlip.com.cn
如发现图书残缺请与我社邮购联系调换
171070J2X101ZBW

前言

“家具造型设计”是家具艺术设计专业核心课程。通过本课程的学习，学生可了解和掌握家具造型设计的基本理论及设计方法，能针对不同的设计内容运用不同的设计方法独立完成家具产品造型设计。

本教材从学科特点出发，结合当前高职家具艺术设计教育的现状，提出了一整套教学设计方案：以传统家具造型理论为基础，以实训、实践为主体，以项目教学为主导，贯穿知识点教育，通过理论和实践加深学生互动体验，充分调动学生的学习兴趣，积累实践经验，提高专业技能，最大程度提高学生的设计能力。

本教材内容如下：基本理论概述，主要介绍家具造型设计的相关概念；家具造型设计方法与实训，主要通过不同设计方法的案例实践，掌握家具造型设计的方法及技巧；品读著名家具设计师的经典作品，让学生在借鉴和学习中开阔视野。

本教材在撰写过程中借鉴和参阅了国内出版物及网络上丰富的设计资源，书中也选用了大量的优秀家具设计案例，案例图片有些来源于笔者原创，有些来源于网络，在此，向各位图片的作者表示由衷的谢意，同时也向并未标明原作者的图片案例作者深表歉意，因无法追查溯源，若有问题还请原作者与笔者联系。由于编者学识与水平有限，书中可能存在一些疏漏，欢迎批评指正。

肖飞

2020年2月

目录

第一章 家具造型设计概述

章节提示

本章主要介绍家具的概念、家具设计的概念、家具的分类、家具造型设计的基本概念、家具造型设计要素、家具造型设计的形式美法则以及家具设计的程序。通过本章的学习，学生可了解和掌握家具造型设计的基本理论，为后续的设计实践打下理论基础。

第一节 家具的基本概念

一、家具

家具是一种客观物质存在，是人类社会文明的标志。自从人类进入了与动物有区别的有尊严的生活，家具就出现了。伴随着人类社会的发展进步，家具以各种形式成为反映人类社会文明的一种标志，与政治、经济、艺术、技术、生活等要素紧密联系，成为我们日常生活中必不可少的用品、器具。

（一）家具的概念

根据大英百科全书，furniture一词来源于法语fourniture，意为家用装置。家具通常是用木材、金属、塑料、大理石、玻璃、织物或相关的材料制成的，可以满足各种使用目的的家用器具。在历史长河中，家具所强调的是功能性与装饰性，同时也是按照经济性与流行性的原则创造的。现代创意家具设计如图1-1至图1-8所示。

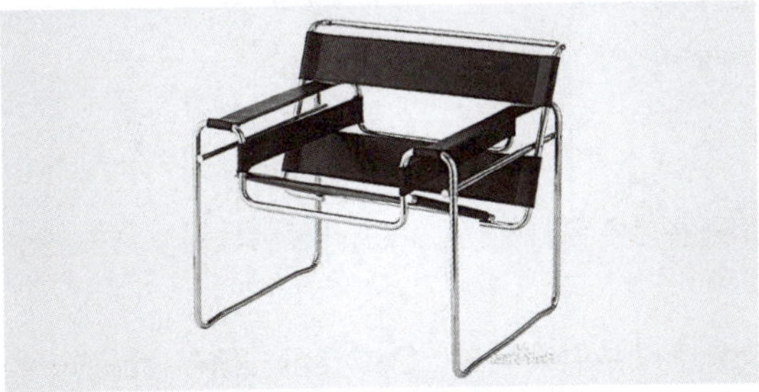

图 1-1　布劳耶的瓦西里椅

图 1-2　布劳耶的钢管椅

图 1-3　雅各布森的蚁椅

图 1-4　雅各布森的水滴椅

图 1-5　马克纽森设计的椅子

图 1-6　Husk 休闲椅

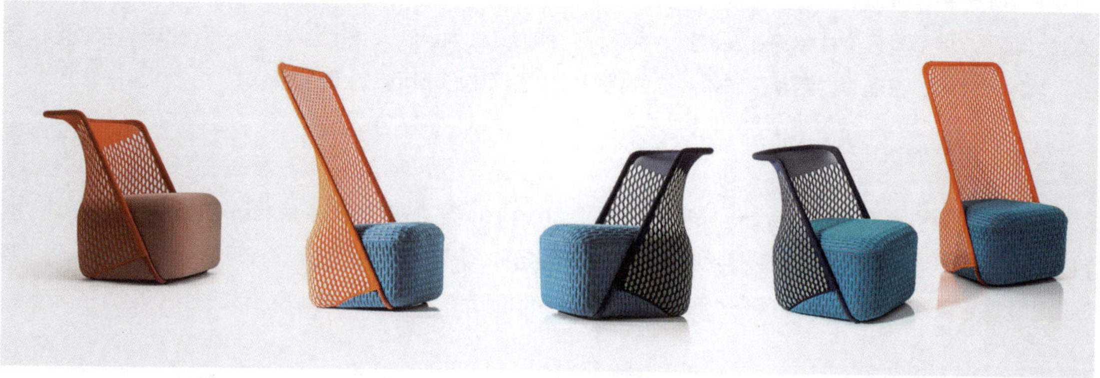

图 1-7　“cradle”系列家居设计

1. 广义的家具

广义来说，家具是指人类维持生活、从事生产实践和开展社会活动必不可少的一类器具。

2. 狭义的家具

家具概念的狭义理解是指日常生活、工作和社会交往活动中供人们坐、卧或支承与储存物品的一类器具。

图 1-8 “cloud collection”编织家具

（二）家具的特性

1. 不可或缺性

从大量的遗留古迹中可知，形式多样的家具在古代已得到了广泛使用。现代社会中，家具更是无处不在，它与建筑一样，已经成为生活的必需品。它的作用及不可或缺性贯穿于生活中的衣、食、住、行和工作、学习、科研、旅游及休闲等方方面面。

2. 功能双重性

家具不仅是物质功能产品，而且是大众实用的艺术设计用具，它除了可满足实用的直接用途之外，还可使人产生和引发某些审美联想，起到供人欣赏的作用。

3. 社会性

家具是某一历史时期社会生产力水平和人文发展的缩影。家具设计和制作的水平以及家具的普及程度反映了这一历史时期的社会生活方式、社会物质文明的水平以及历史文化特性，也是这个时期生活方式及文化形态的反映。

二、家具设计

（一）家具设计的概念

家具设计是为满足人们使用的、心理的、视觉的需要，在投产前所进行的创造性的构思与规划，并通过图纸、模型或样品等表达出来的全过程。

（二）家具设计的原则

1. 功能设计的原则

家具设计要满足一定的功能要求，功能性设计原则要求在设计中以功能为核心。家具产品的功能一般是指它具有的实用功能，分主要功能（座椅供人坐的功能）、辅助功能（写字桌带有柜斗）等。现在的功能范围已扩大到审美功能，所以，功能设计原则需要所设计的产品满足实用与审美两方面的要求。

2. 以人为本的设计原则

与现代主义设计师们在设计中注重现代材料、技术、方法的运用以及高级派所追求的机器美学不同，“以人为本”的设计思想要求设计从人的角度展开，满足人们生理、心理、精神等方面的要求。

3. 满足需求的设计原则

需求是人类进步过程中不断产生的新的欲望与要求，它是人类社会进步的重要动力。设计的根本目的就是及时地满足人们不断增长的物质与文化需求，它是一种重要的设计原则。按照美国心理学家马斯洛对人的需求研究，人的需求是由低层次向高层次发展的。在设计中，应注意研究、考察消费者群体的需求信息，以便设计出适用于他们的家具产品。

4. 功效学的设计原则

用人体工程学的原理来指导家具设计。在确定家具尺寸、家具座面倾角和靠背倾斜度以及设计家具色彩与光泽度时，都要根据人体尺寸、人体动作尺度以及人的各种生理特征来进行，并且根据使用功能的性质（如休息、作业的不同要求）分别进行处理。最终目的就是要避免因家具设计不当带来的低效、疲劳、事故、紧张、忧患、生态环境破坏及各种有形的损失，使人和家具之间处于一种最佳的状态，人与家具及环境之间相互协调，使人的生理和心理均得到满足，从而提高工作效率与保证休息效果。

5. 创造性的设计原则

设计的核心在于创造，创造性是设计

的重要原则之一。家具新功能的拓展，新形式的构想，新材料、新结构和新技术的开发都是设计者通过创造性思维和应用创新技法的过程。一个有创造能力的设计师应掌握现代设计科学的基本理论和现代设计方法，应用创造性的设计原则展开设计工作。

6. 可持续发展的设计原则

家具是应用不同的物质材料加工而成的，而木材和木质材料又是最主要的家具材料。但木材是一种自然资源，优质木材生长周期长，随着资源的日益减少，越来越显得珍贵。为此，在设计家具时，必须考虑木材资源可持续利用的原则。尽量以速生材、小径材和中纤板等为原料，以减少大径木材的消耗。对于珍贵木材应以薄木的形式覆贴在人造板上，以提高其利用率；对珍贵树种应做到有节制和有计划地采伐，以实现人类生存环境的和谐发展和木材资源的持续利用。

7. 流行性的设计原则

设计的流行性原则就是要求设计的产品要表现时代特征，符合流行时尚，要求设计者能及时地推出适销对路的产品，以满足市场的需要。

第二节　家具的分类

现代家具的材料、结构、使用场合、使用功能日益多样化，这也使得现代家具类型多样化和造型风格多元化，可从多角度对现代家具进行分类，以便对现代家具系统形成一个完整的概念。

一、根据基本功能分类

这种分类方法是根据人与物、物与物的关系按照人体工程学的原理进行分类，是一种科学的分类方法。

（一）坐卧类家具

坐卧类家具是最古老、最基本的家具类型，家具经历了由早期席地而坐的矮型家具到中期垂足而坐的高型家具的演变过程，这是人类告别动物基本习惯和生存姿势的一种文明创造行为。坐卧类家具是与人体接触面最多、使用时间最长、使用功能最广、造型式样最丰富的基本家具类型，按照使用功能的不同可分为椅凳类、沙发类、床榻类，如图1-9至图1-12所示。

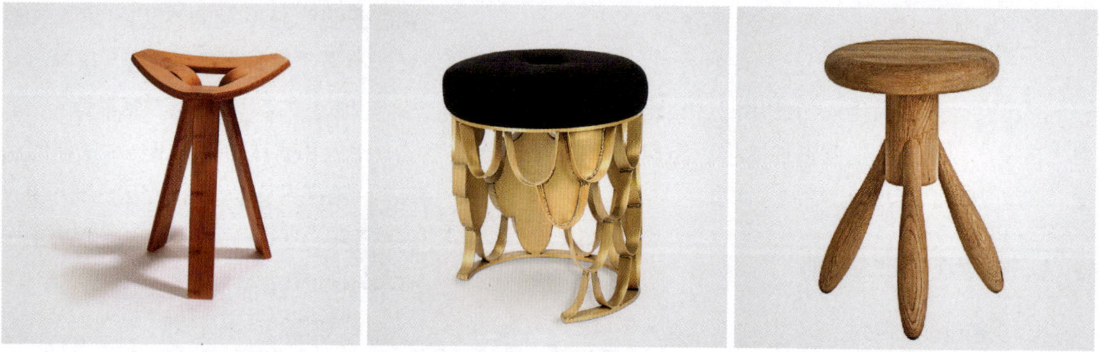

图1-9　创意凳子

图 1-10　椅子

图 1-11　沙发

图1-12 床

（二）桌台类家具

桌台类家具是与人类工作方式、学习方式、生活方式直接发生关系的家具，桌台类家具的造型必须与坐卧类家具配套设计，具有一定的尺寸要求，可分为桌与几两类，桌类较高，几类较矮。桌类有写字桌、抽屉桌、会议桌、课桌、餐台、试验台、电脑桌、游戏桌等，几类有茶几、条几、花几、炕几等，桌台类家具如图1-13所示。

图1-13 桌台类家具

（三）储藏类家具

储藏类家具也称为橱柜类家具，在早期还有箱类家具也属此类。由于建筑空间和人类生活方式的变化，箱类家具正逐步在现代家具中消失，其储藏功能被橱柜类家具所取代。储藏类家具虽然不与人体发生直接关系，但在设计上必须在适应人体活动的范围内制定尺寸和设计造型。储藏类家具有衣柜、书柜、五屉柜、餐具柜、床头柜、电视柜、高柜、吊柜等，如图1–14所示。

图1–14　储藏类家具

二、根据建筑环境分类

建筑环境分类是按不同的建筑环境和使用地点进行分类。根据人类活动的不同，可分为住宅建筑家具、公共建筑家具和室外环境家具。

（一）住宅建筑家具

住宅建筑家具是指民用家具，是日常基本生活离不开的家具，也是类型最多、品种复杂、式样丰富的基本家具类型，按照现代住宅建筑的不同空间划分，可以分为：客厅与起居室家具、门厅与玄关家具、书房与工作室家具、儿童房与卧室家具、厨房与餐厅家具、卫生间与浴室家具。

1. 客厅与起居室家具

客厅家具主要有沙发、茶几、电视柜等，有时也会有装饰柜、杂志柜、屏风等，如图1–15所示。

2. 门厅与玄关家具

门厅与玄关是指建筑物入门处到正厅之间的一段转折空间，传统建筑中具有“藏”的概念，是屋外和屋内的缓冲，使屋外与屋内有一定的隔开。门厅与玄关家具常见的有鞋柜、矮柜、屏风等，如图1–16所示。

3. 书房与工作室家具

用于书房与工作室的家具，主要是书桌、书椅、书柜等，如图1–17所示。

图 1-15　客厅家具

图 1-16　门厅与玄关家具

图 1-17　书房与工作室家具

4. 儿童房与卧室家具

儿童房与卧室家具主要有床、床头柜、衣柜等，儿童房家具还包括书桌椅、收纳用具等，如图1-18所示。

5. 厨房与餐厅家具

厨房与餐厅家具主要指操作台、橱柜、餐桌、餐椅、餐具柜等，如图1-19所示。

6. 卫生间与浴室家具

卫生间与浴室家具包括洗脸台、置物架等，如图1-20所示。

（二）公共建筑家具

家具是人与建筑、人与环境的中介物：人—家具—建筑—环境。家具语言风格总是与建筑语言风格相协

图1-18 儿童房与卧室家具

图1-19 厨房与餐厅家具

图 1-20　卫生间与浴室家具

调。家具设计从建筑与环境中汲取灵感，建筑史的投影是家具史，家具与建筑、家具与环境是密不可分的。相对于住宅建筑，公共建筑是一个系统的建筑空间与环境空间，公共建筑的家具设计根据建筑的功能和社会活动内容而定，具有专业性强、类型较少、数量大的特点。公共建筑家具在类型上主要有：办公家具、酒店家具、商业展示家具、学校家具。

1. 办公家具

办公家具指办公室用的一类家具，主要有办公桌、工作椅、会议桌椅、电脑台、文件柜、书柜等，如图1-21所示。

图 1-21　办公家具

2. 酒店家具

酒店家具指酒店的客厅、餐厅、酒吧、卧室等场所使用的家具，如图1-22所示。

3. 商业展示家具

用于商业展示空间的家具包括展示柜、展示架、展示台等，如图1-23所示。

4. 学校家具

学校家具包括课桌椅、床、写字台等，如图1-24所示。

图 1-22　酒店家具

图 1-23　商业展示家具

图 1-24　学校家具

图1-25　室外环境家具

（三）室外环境家具

室外环境家具主要类型有：躺椅、靠椅、长椅、桌、几台、架等。在材料上多用耐腐蚀、防水、防锈、防晒、质地牢固的不锈钢、铝材、铸铁、硬木、竹藤、石材、陶瓷、FRP成型塑料等。造型上注重艺术设计与环境的协调，色彩上多用鲜明的颜色，尤其是许多优秀的室外家具设计，几乎就是一件抽象的户外雕塑，具有观赏和实用功能，如图1-25所示。

三、根据制作材料分类

将家具按材料与工艺分类主要是便于我们掌握不同的材料特点与工艺构造。根据材料的不同，家具可以分为木质家具、竹藤家具、金属家具、塑料家具、玻璃家具、石材家具、软体家具等。

（一）木质家具

无论在视觉上还是触觉上，木材都是其他多数材料无法超越的，独特美丽的纹理，独具温暖与魅力。木材易于加工、造型与雕刻，所以其一直为古今中外家具设计与创造的首选材料，即使在现代家具日益趋向新潮与复合材料的今天，木材在现代家具中仍然扮演着重要的角色。

1. 实木家具

实木家具是指用天然材料制成的家具，这样的家具表面一般都能看到木材美丽的花纹。实木家具有几种形式：一种是纯实木家具。就是说家具的所有部件都是实木，不是用人造板或其他材料。另一种是仿实木家具。所谓仿实木家具，从外观上看是实木家具，木材的自然纹理、手感及色泽都是和实木家具一模一样，但实际上是实木和人造板混用的家具，即家具外表面用薄木贴面，基材则是刨花板、中密度纤维板、空芯板等人造板，其中某些构件（抽屉等）则用实木，实木家具如图1-26所示。

2. 板式家具

板式家具主体采用人造板为基材，表面覆以饰面材料的板型部件，并以专用连接件组装，如图1-27所示。

图1-26 实木家具

图1-27 板式家具

3. 曲木家具

曲木家具指主要部件采用曲木工艺加工的曲形构件，如以圆棒榫、螺栓或专门连接件组装的刚性体所制成的家具。按曲木加工工艺的不同，可分为实木弯曲和层压弯曲两种构件。实木弯曲，选择榆木、水曲柳、柞木、山毛榉、橡木等可塑性较大的木材，经热蒸煮软化处理加压弯曲，干燥定型后即得到所需的曲形构件。层压弯曲也称单板多层胶合弯曲，将涂胶的单板进行顺纹理纵接重叠胶合，加压弯曲后定型得到曲形构件。曲木家具如图1-28所示。

（二）竹藤家具

竹藤家具主要有：竹编家具、藤编家具、柳编家具和草编家具，以及现代化学工业生产的仿真纤维材料编织家具。在品种上多以椅子、沙发、茶几、书报架、席子、屏风为主。近年来开始出现金属钢管、现代布艺与纤维编织相结合，使竹藤家具更为轻巧、牢固，同时也更具现代美感。竹藤家具如图1-29所示。

图1-28 曲木家具

图1-29 竹藤家具

（三）金属家具

金属家具是指以金属为基材制成的家具。制造金属家具的主要材料有：铸铁、钢材、铝合金等。铸铁多用于户外家具，庭院家具，城市环境中的花栏、护栏、格栅、窗花等。钢材主要有两种：碳钢和普通合金钢。金属家具如图1-30所示。

图1-30　金属家具

（四）塑料家具

塑料家具指主体或主要部件采用玻璃钢或塑料等高分子材料模塑成型的家具。前者是将比例纤维布浸树脂胶层压成薄壳，表层覆以乳胶海绵或泡沫塑料包衬而成的家具。后者则采用聚乙烯、聚氯乙烯、聚丙烯及ABS塑料等热塑性材料注塑或模压成壳体的家具，故又可称为薄壳模塑家具。塑料家具如图1-31所示。

（五）玻璃家具

玻璃家具指以玻璃为主要材料制作的家具。玻璃家具透明、晶莹、时尚，易于清洁及展示物品。常见的玻璃家具品类以茶几、餐台、展示柜等为主，玻璃家具如图1-32所示。

（六）石材家具

石材家具指以天然石材或人工石材为主要材料制作的家具。天然石材的种类很多，在家具中主要使用花岗岩和大理石两大类。人造石材有人造大理石、人造花岗岩等，近年来开始广泛应用于厨房、卫生间等。石材家具如图1-33所示。

（七）软体家具

软体家具传统工艺上是指以弹簧、填充料为主，在现代工艺上还有泡沫塑料成型以及充气成型的具有柔软舒适性能的家具，主要应用在与人体直接接触并使之合乎人体尺度并增加舒适度的沙发、座椅、坐垫、床垫、床榻等，是一种应用很广的普及型家具。软体家具如图1-34所示。

图 1-31　塑料家具

图 1-32　玻璃家具

图1-33 石材家具

图1-34 软体家具

四、根据移动性分类

从家具的移动性来看，可以分为移动型家具和固定型家具两种。

1. 移动型家具

移动型家具可根据室内布置的使用要求灵活移动，包括单件式家具和组合式家具两种不同类型，移动型家具如图1-35所示。

2. 固定型家具

固定型家具是指与建筑结合为一体的固定式家具，如图1-36所示。

图1-35 移动型家具

图1-36 固定型家具

第三节 家具造型设计的基本概念

家具造型设计是家具产品研究与开发、设计与制造的首要环节。家具设计主要包含两个方面的内容：外观造型设计和生产工艺设计。现代家具是科学性与艺术性的完美统一，是物质与精神的辩证统一。家具设计，尤其是造型设计，更多从属于艺术设计范畴，所以我们必须学习和运用艺术设计的一些基本原理和形式美规律，去大胆创新、探索和想象，设计出新的家具造型，用新的家具样式不断开拓新的家具市场。更重要的是，用新的家具设计为人们创造更新、更加美好、更高品质、更加合理的生活方式。

家具造型设计是对家具的外观形态、材质肌理、色彩装饰、空间形体等造型要素进行综合、分析与研究，并创造性地构成新、美、奇、特而结构、功能又合理的家具形象。家具造型设计示例如图1-37至图1-39所示。

图1-37　扶手椅

图1-38　米奇 Mickey 蛋椅

图1-39　斗篷椅子

为便于学习和把握家具造型设计，根据现代美学原理及传统家具风格可将家具造型分为抽象理性造型、有机感性造型和传统古典造型三大类。

1. 抽象理性造型

抽象理性造型是以现代美学为出发点，采用纯粹抽象几何形态为主的家具造型构成手法。抽象理性造型手法具有简练的风格、明晰的条理、严谨的秩序和优美的比例，在结构上呈现数理的模块、部件的组合。从时代的特点来看，抽象理性造型手法是现代家具造型的主流，它不仅有利于大工业标准化批量生产，产生经济效益，具有实用价值，在视觉美感上也表现出理性的现代精神。抽象理性造型设计如图1-40所示。

2. 有机感性造型

有机感性造型是以具有优美曲线的生物形态为依据，采用自由而富于感性意念的三维形体为主的家具造型设计手法。造型的创意构思是由优美的生物形态风格和现代雕塑形式汲取灵感，结合壳体结构和塑料、橡胶、热压胶合板等新型材料应运而生的，有机感性造型涵盖了非常广泛的领域，它突破了自由曲线或直线所组成形体的狭窄单调的范围，可以超越抽象表象的范围，将抽象造型同时作为造型的媒介，运用现代造型手法和创造工艺，在满足功能的前提下，灵活地应用在现代家具造型中，具有独特、生动、趣味的效果。有机感性造型设计如图1-41所示。

图1-40　抽象理性造型设计

图1-41　有机感性造型设计

3. 传统古典造型

中外历代传统家具的优秀造型手法和流行风格是世界各国家具设计的源泉。“古为今用”“洋为中用”，通过研究、欣赏、借鉴中外历代优秀古典家具，可以清晰地了解家具造型发展演变的文脉，从而得到新的灵感与启发，但是最关键的是对家具深层次的学习和研究，注入现代家具设计的成分，提炼出中国家具风格的元素，要全面借鉴、学习中外优秀家具文化的营养，最终设计、创造出具有中国风格和特色的现代中国家具。传统古典造型设计如图1-42所示。

图1-42　传统古典造型设计

第四节　家具造型设计的要素

一、家具的点构成

1. 点的概念

点是构成形态的基本单位。在几何学的概念里，点只有位置没有大小。但在造型设计中，点必须具有一定的面积或体积，否则就失去了存在的意义。在造型设计中，点不能用量的概念来规定，只能用相对的概念来确定。凡是相对于整体或背景而言，其面积或体积较小的形状均可称为点。

2. 点的视觉效果

（1）聚集性

聚集性是点的基本特征。任何一个点都可以成为视觉中心，因此，点在画面中具有张力作用，在心理上有一种扩张感。

（2）线性效果

同一平面上两个或两个以上的相同大小的点排成一列时，具有点之间线的联想，且点之间的距离越近，被暗示的、视觉感知到的线越粗。

（3）相对性

点是相对的，在对比中存在，是相对周围面积而言很小的视觉形象。点具有不同形状、大小、深浅的差别。

（4）多点排列

如果相同大小的点不在一条直线上，往往可以产生面的视觉效果，否则不易捕捉到视觉停歇点。

3. 点在家具中的应用

在家具造型设计中，点是有大小、方向，甚至是有体积、色彩、肌理质感的，在视觉与装饰上可产生焦点、中心的效果。点在家具造型设计上的应用有功能性也有装饰性的，如家具中的门和抽屉把手，是必不可少的功能构件，同时又在家具的整体造型中起到点缀的作用。现代家具造型设计中，点的应用已不局限于平面造型上，在形态设计中常以点为特点来装饰家具的细节，利用对于常规功能构件的设计来使家具产生与众不同的装饰美感。点作为最基本的形态要素，有很强的艺术表现力，家具造型设计中巧妙设计并应用点的大小、形状、排列方式与节奏布局等会获得不一样的艺术效果。点在家具造型设计中的应用如图1-43所示。

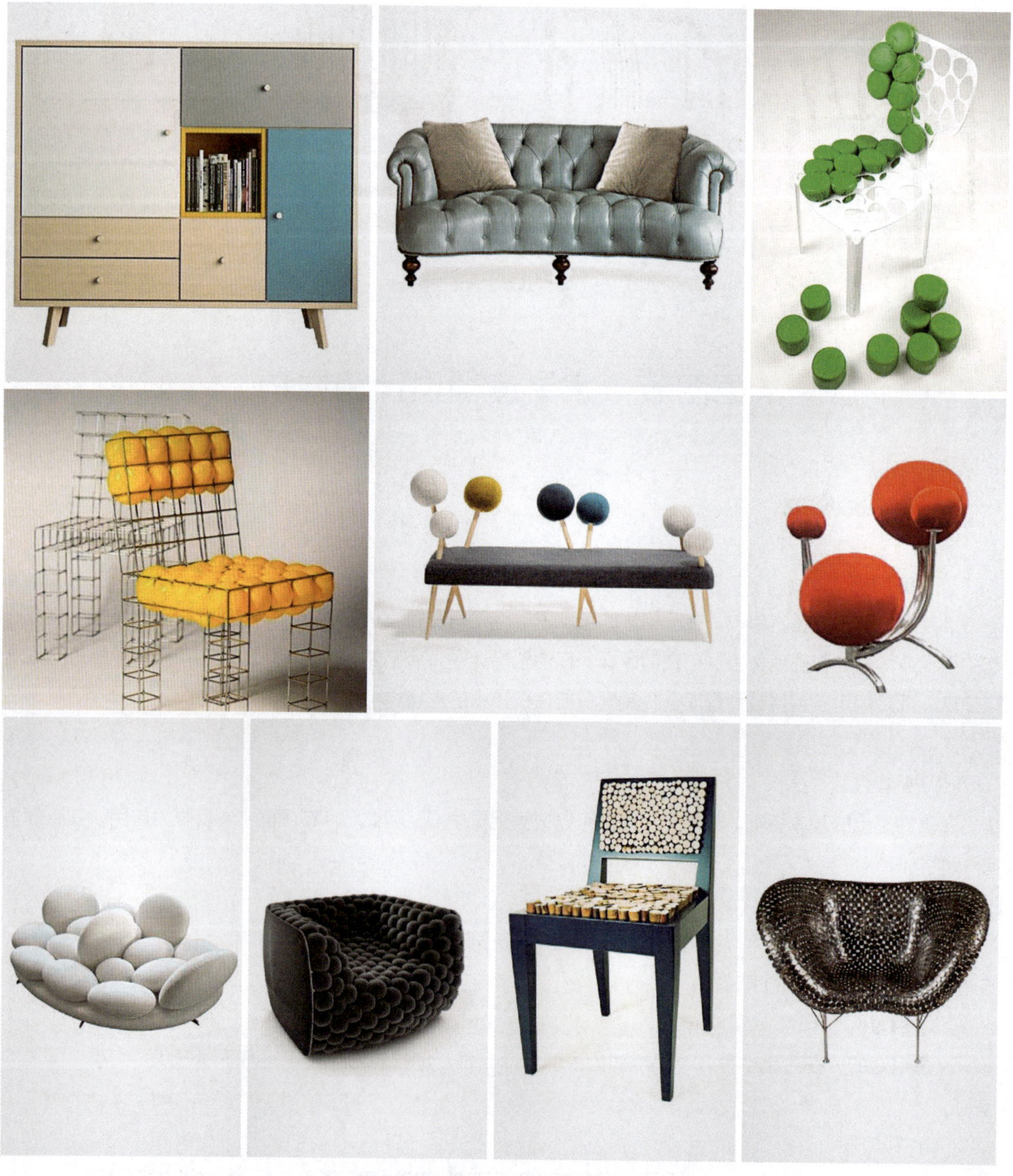

图1-43　点在家具造型设计中的应用

二、家具的线构成

1. 线的概念

在几何学的定义里，线是点移动的轨迹。在家具造型设计中，线是造型的艺术灵魂，是构成一切结构轮廓的基本要素。线在家具造型中不仅具有位置和长度，而且具有宽窄，因此，线的变化是十分丰富的。相较于点而言，线具有更强的情感特征，不同的线表现的情感特征也不同。

线是构成一切物体轮廓的基本要素。线的形状可以分为直线系和曲线系两大体系，二者的结合构成一切造型形象的基本要素。直线包括垂直线、水平线、斜线。曲线包括几何曲线和自由曲线。几何曲线有弧线、抛物线、双曲线、螺旋线等，自由曲线有C形、S形和涡形等。

2. 线的表情特征

线的表情特征主要因线型的长短、粗细、状态和动势等不同而有所不同，给人以视觉上、心理上的不同感觉，并被赋予各种个性。直线一般有严格、单纯、富有逻辑性的阳刚有力之感。其中，垂直线具有上升、严肃、高耸、端正及支持感，在家具设计中着力强调的垂直线条似乎能产生进取、庄重、超越感。水平线具有左右扩展、开阔、平静、安定感，水平线为一切造型的基础线，在家具造型中可利用水平线划分立面，并强调家具与地面之间的关系。斜线具有散射、突破、活动、变化及不安定感。在家具设计中应合理使用，产生静中有动、变化而又统一的效果。曲线由于其长度、粗细、形态的不同而给人不同的感觉。通常曲线具有优雅、愉悦、柔和而富有变化的感觉，象征女性丰满、圆润的特点，也象征着自然界的春风、流水、彩云。

3. 线在家具造型设计中的应用

线构成的家具总体有三种：纯直线构成的家具、纯曲线构成的家具、直线与曲线结合构成的家具。家具设计师运用的线条决定着家具的造型形态，不同的线条构成了千变万化的家具造型式样和风格。线在家具造型中的应用如图1-44所示。

三、家具的面构成

1. 面的概念

面可看成是由无数点的聚集组合而成或由无数根线排列形成，具有二维空间（长度和宽度）的特点。在造型学中，面可分为两类，即直面与曲面。直面有垂直面、水平面与斜面；曲面可分为几何曲面和自由曲面。

2. 面的情感特征

不同形状的面具有不同的情感特征。正方形、正三角形、圆形等具有简洁、明确、秩序的美感。多面形是一种不确定的平面形，边越多越接近曲面。曲面具有温和、柔软、亲切的感觉和动感，家具中的软体家具和壳体家具多用曲面进行设计。除面的形状外，家具中的面在材质、肌理、颜色等方面的特性能在视觉、触觉上产生不同的感觉以及声学的特征。

3. 面在家具造型设计中的应用

面是家具造型设计中的重要构成因素，所有的人造板都是面的形态，只因有了面的围合，家具才具有实用的功能并构成形体。在家具造型设计中，可以灵活、恰当地运用各种不同形状的面，搭配不同方向的组合，以构成不同风格、不同样式的丰富多彩的家具造型。面在家具造型设计中的应用如图1-45所示。

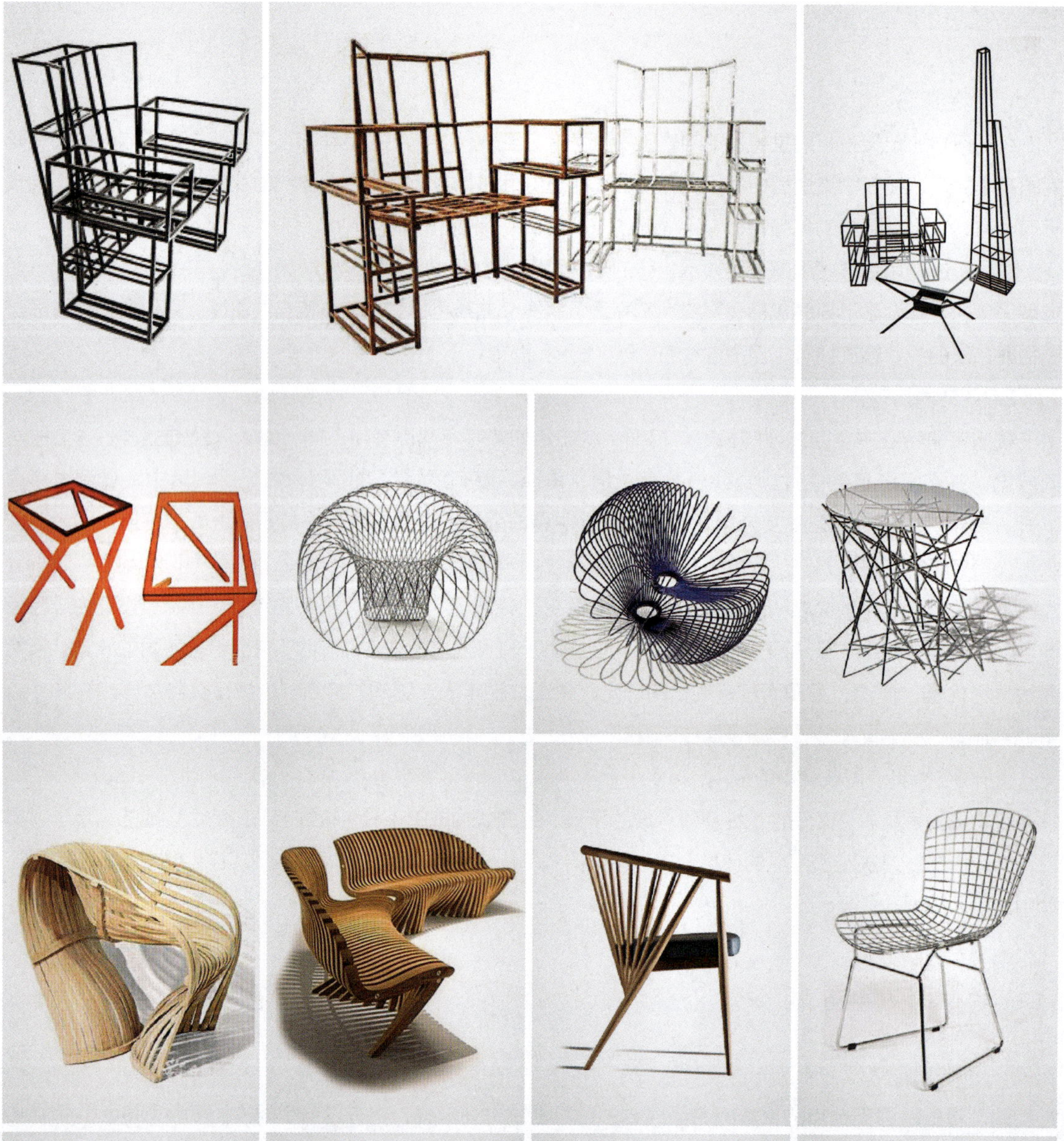

图 1-44　线在家具造型设计中的应用

图 1-45　面在家具造型设计中的应用

四、家具的体构成

1. 体的概念

按几何学的定义，体是面移动的轨迹，面的定向运动生成体。体是由面围合起来所构成的三维空间，具有高度、深度及宽度。体也可以理解为由不同曲直形状的面围合而成。在生活中，任何一种复杂的形体、形态都可以由立方体、球体及其组合关系去理解和分析。

2. 体的分类

体有几何形体和非几何形体两大类。几何形体有正方体、长方体、圆柱体、棱锥体、球体等；非几何形体一般指一切不规则的形体。在家具造型设计中，正方体和长方体是用得最多的形体，如桌、椅、凳、柜等。在家具形体中有实体和虚体之分，实体是由体块直接构成实空间，给人以厚重、稳固、封闭的感受；虚体是由面及线材所围合的虚空间，使人感到通透、轻快、空灵，具有透明感。在家具设计中要充分注意虚、实空间的处理给造型带来的变化。

3. 体在家具造型设计中的应用

家具造型多是利用各种不同形状的立体组合构成复合的形体，综合运用凹凸、虚实、光影、开合等手法，搭配出千变万化的家具造型。体是家具造型最基本的手法，在设计中应结合不同材质肌理、色彩等要素进行综合运用。体的运用可以体现家具的体量感，是体现家具设计师造型设计基本功的有效手段。体在家具造型设计中的应用如图1-46所示。

图1-46 体在家具造型设计中的应用

第五节 家具造型设计的形式美法则

在现代社会中，家具已经成为艺术与技术结合的产物，家具与纯造型艺术的界线正在模糊，建筑、绘画、雕塑、室内设计和家具设计等不同的领域在美感的追求和美的物化等方面并没有根本的不同，而且在形式美的构成要素上有着一系列通用的法则，这是人类在长期的生产与艺术实践中，从自然美和艺术美概括提炼出来的适用于所有艺术创作的手法。因此，要设计创造出一件美的家具，就必须掌握艺术造型的形式美法则。

家具造型设计的形式美法则有：比例与尺度，统一与变化，对称与平衡，协调与对比，重复与韵律等。

一、比例与尺度

将各方向度量之间的关系及物体的局部和整体之间形式美的关系称之为比例，良好的比例是获得物体形式上完美和谐的基本条件。对于家具造型的比例来说，它具有两方面的内容：一方面是家具整体的比例，它与人体尺度、材料结构及其使用功能有着密切的关系；另一方面是家具整体与局部或各局部之间的尺寸关系。

和比例密切相关的家具特性是尺度，比例与尺度都是处理构件的相对尺寸，比例是指一个组合构图中各个部分之间的关系，尺度则特指相对于某些已知标准或公认常量对物体的大小。家具尺度并不限于一个单系列的关系，一件或一套家具可以同时与整个空间、家具彼此之间以及与使用家具的人们发生关系，有着正常合乎规律的尺度关系。超过常用的尺度可用以吸引注意力，也可以形成或强调环境气氛。比例与尺度在家具中的应用如图1-47所示。

二、统一与变化

在艺术造型中从变化中求统一，统一中求变化，力求变化与统一得到完美的结合，使设计的作品表现得丰富多彩，是家具造型设计中贯穿一切的基本准则。

统一是指性质相同或形状类似的物体放在一起，形成一种一致的或有一致趋势的感觉。统一产生和谐、宁静、井然有序的美感，但过分统一就会使人感到贫乏、呆板、单调、乏味。

变化是指由性质相异和形状不一的物体放在一起，形成显著对比的感觉。变化则产生刺激、兴奋、新奇、活泼的生动感觉，但变化过多也会造成杂乱无序、刺激过度的后果。

只有做到变化与统一的结合，才能给人以美感。统一与变化在家具中的应用如图1-48所示。

1. 统一

家具设计的统一性从本质上讲是以一种理性的组织规律在形式结构上所形成的视觉条理，有秩序地创造出事物的共性，

图1-47 比例与尺度的应用

图 1-48　统一与变化的应用

有规律地组织空间形式，并产生井然有序的美感，赋予统一的意念。具体到家具设计就是指把若干个不同的组成部分（如家具与家具之间以及家具各部分之间）按照一定的规律和内在联系，有机地组成一个完整的整体，形成一种一致的或具有一致趋势的感觉。统一在家具中的最简单的表现手法是协调和重复，将某些因素协调一致，将某些零部件重复使用，在简单的重复中得到统一。

2. 变化

家具设计的变化是指将性质相异的要素并置一起，形成对比感觉，是一种智慧、想象的表现，显示种种因素中的差异，形成视觉上的跳跃，在单纯呆滞的状态中，重新唤起活泼新鲜的韵味。具体表现为：线条——长与短、曲与直、粗与细、横与竖等；形状——大与小、方与圆、宽与窄、凹与凸等；色彩——浓与淡、冷与暖、明与暗、强与弱等；肌理——软与硬、粗与细、光滑与粗糙、透明与不透明等；形体——大与小、虚与实、开与闭、疏与密、简与繁等；体量——大与小、轻与重等；方向——高与低、前与后、左与右、垂直与水平、垂直与倾斜、顺纹与横纹等。

三、对称与均衡

对称与均衡是指空间各部分的重量感在相互调节之下所形成的静止现象。在视觉上，不同的造型、色彩和质感等要素有不同重量感，将这些感觉保持一种不偏不倚的安定状态时，即可产生平衡效果，它是自然界物体遵循力学原则、反映客观物质存在的一种形式。事物运动是动力与重心两者矛盾的统一，对称与均衡是这种运动形式升华的一种美的法则，它保持物象外观匀称感觉，是统一与变化“适度”的一个方面，对称可使家具统一，均衡可使家具变化。

1. 对称

（1）镜面对称

镜面对称是最简单的对称形式，它是基于几何图形两半相互反照的对称，是同形、同量、同色的绝对对称。

（2）相对对称

相对对称指以对称轴线两侧物体外形、尺寸相同，但内部分割、色彩、材质肌理有所不同。相对对称有时没有明显的对称轴线。

（3）轴对称

轴对称是围绕相应的对称轴用旋转图形的方法形成的对称。

对称在家具中的应用如图1-49所示。

图1-49　对称的应用

2. 均衡

均衡是非对称的平衡，指一个形式中的两个相对部分不均等，但因量的感觉相似而形成的平衡现象，从形式上看，是不规则中有变化的平衡。均衡有两大类型，即静态均衡与动态均衡。静态均衡是沿中心轴左右构成的对称形态，是等质等量的均衡，静态均衡具有端庄、严肃、安稳的效果；动态均衡是不等质不等量非对称的平衡形态，动态均衡具有生动、活泼、轻快的效果。动态均衡的构图手法主要有等量均衡和异量均衡两种类型。均衡在家具中的应用如图1-50所示。

图1-50 均衡的应用

四、协调与对比

协调与对比是反映和说明事物同类性质和特性之间相似和差异的程度，在论述艺术形式时，经常涉及有机整体的概念，这种有机整体是内容上内在发展规律的反映。我们将造型诸要素中的某一要素中或不同造型要素之间的显著差异组织在一起，使其差异更加突出、强化的手法称为对比，反之将造型要素中的差异尽量缩小，使对比的各部分有机地组织在一起的手法称为协调。协调与对比在家具中的应用如图1-51所示。

图1-51 协调与对比的应用

五、重复与韵律

重复是产生韵律的条件，韵律是重复的艺术效果，韵律具有变化的特征，而重复则是统一的手段。

在家具造型设计上，韵律的产生是指某种图形、线条、形体、单件与组合有规律地不断重复呈现或有组织地重复变化，它可以使造型设计的作品产生节律和畅快的美感，直至增强造型感染力的作用。这一艺术处理手法也被广泛应用。

（一）重复

重复是指相同或相似的构成单元（即节奏）作规律性逐次排列。相同单元的反复产生统一感，相似单元的反复形成统一中的变化，相异的单元，交互排列，则构成交替反复的模式，可形成变化中的统一。它不仅是统一与平衡的必要基础，也是和谐的主要因素。在家具造型中，由家具构件排列、家具装饰手法及单件家具组合形成重复。重复在家具中的应用如图1–52所示。

（二）韵律

韵律是任何物体构成部分有规律重复的一种属性，韵律美是一种有起伏、有规律、有组织的重复与变化。把对于人们有感染力的形、色、线有计划、有规律地组织起来，并符合一定的运动形式，如渐大渐小、递增递减、渐强渐弱等有秩序按比例地交替组合运用，就产生出旋律的形式。可以说，自然界中的万物皆存在着韵律现象或旋律美感。韵律在家具中的应用如图1–53所示。

韵律的形式有连续韵律、渐变韵律、起伏韵律和交错韵律。

（1）连续韵律

连续韵律是由一个或几个造型要素，按照一定距离或者排列规则连续重复出现，形成富有节奏的韵律。连续韵律在家具中的应用如图1–54所示。

（2）渐变韵律

渐变韵律是在某一（组）造型要素连续重复排列的过程中，对其特定的变量进行有秩序、有规律渐变，形成富有变化的韵律。渐变韵律在家具中的应用如图1–55所示。

（3）起伏韵律

将渐变的韵律再加以连续地重复，则形成起伏韵律。起伏韵律具有波浪式的起伏变化，能产生较强的节奏感。起伏韵律在家具中的应用如图1–56所示。

（4）交错韵律

交错韵律，家具造型中连续重复的要素按一定规律相互穿插或交织排列而产生韵律。交错韵律在家具中的应用如图1–57所示。

图1–52 重复的应用

图1–53 韵律的应用

图 1-54　连续韵律的应用

图 1-55　渐变韵律的应用

图 1-56　起伏韵律的应用

图 1-57　交错韵律的应用

第六节　家具设计的程序

家具设计是分阶段按顺序进行的。所谓设计程序，即有目的地实施设计计划的次序和科学的设计方法。设计程序的实施是按严密的次序逐步进行的。这个过程有时前后颠倒，相互交错，出现回头现象，称为设计循环系统。采用循环系统是为了不断地检验和改进设计，最终实现设计的目的和要求。

一、设计准备

（一）确定设计定位

设计的定位就是设计的目的，明确服务的对象及其需求进行分析。

1. 明确设计对象——“谁”

“谁”是指设计何物，指必须明确该项涉及的具体对象，设计的家具是什么。对家具设计而言，是指设计桌子还是椅子，柜子还是沙发。

2. 明确设计要求——“说什么”

“说什么”是指这个家具在使用方面有什么要求，是需要一个较大的空间来存放物品还是只放置一些小型的装饰品，是需要采用折叠式结构来节约空间还是选用便携式或移动式的。

3. 明确设计对象使用范围——“通过什么渠道”

“通过什么渠道”是指家具在什么地方使用，比如是在家居空间中使用还是在户外使用，或者是外出时使用。

4. 明确使用对象——“对谁”

“对谁”是家具使用的对象，即这个家具是为人设计的，男人或是女人，成人或是小孩等。

5. 明确设计对象的使用效果——“达到什么效果”

“达到什么效果”是指特定人群对家具使用后的感受，家具对人和环境有什么影响。

（二）收集分析资料

收集资料的途径有很多，一般有以下几种方式。

1. 专业期刊和互联网资料

可以通过查阅文献资料，查阅一些家具设计专业书籍、专业期刊、专业设计网站、品牌家具企业网站等，了解相关产品信息。

2. 参加家具博览会

米兰家具展、德国科隆家具展、美国高点家具展等国外知名家具展及上海国际家具博览会、广州国际家具博览会、深圳国际家具展、东莞名家具展等国内家具博览会每年都会定期举行，如图1-58所示。而且在家具博览会上也会有相关家具设计大赛的评奖活动，这是观摩、学习家具设计、搜集专业资料的良好机会。

图1-58　知名家具设计展

3. 家具工厂生产工艺调研

现代家具的大工业生产方式，使得家具的生产制作不是少数几个人或是一个工厂可以完成的，而是要经过很多道工序、多种专业的配合、多个专业部件工厂的协作，并以现代化生产流程的方式完成。所以从事家具设计必须对家具的生产工艺流程、家具的零部件结构要有清晰的了解和掌握，如果有机会可以到各个不同的家具工厂实地观摩。

4. 家具市场调查

家具市场是从事家具设计学习的第二大课堂，可从市场获得第一手家具资料。尽可能多收集一些家具品牌的广告宣传画册，通过家具销售商了解家具的价格、款式、销售等；同时，通过对家具消费者的调查问卷和随机访问等，了解不同消费者对产品造型、色彩、装饰、包装运输的意见和要求等。

二、方案设计

（一）设计构思

经过设计分析与资料收集后，家具设计师在脑海中就要有初步的构思，设计构思是对提出的问题所做出的多种解决方案的思考，而初步构思形成后，就要对设计构思进行表达，最有效的表达手段就是绘制草图，这时就要做到全身心地去实践。当一个新的创意出现在脑海中就要记录下来，通过一步步深化，模糊的草图终将清晰起来。

（二）设计表达

1. 绘制草图

草图是快速将设计构思记录下来的简单图形，通常不够完美，但却能直观地反映设计者的构思。草图一般是徒手画，用便于修改的工具来操作。一个设计简图需要绘制多张草图，再经过比较推敲，选出较好的方案。草图的第二步是对每个细节进一步研究，此时尽可能地描绘出各个部分的结构分解图，一些结合点的连接方式也要放大绘制。家具使用的材料以及家具的各部分尺寸也要进行确定。草图绘制的最后一步就是色彩的调节，可以用色笔做多种颜色的配置组合，从中选出符合要求的一张。家具设计草图示例如图1-59所示。

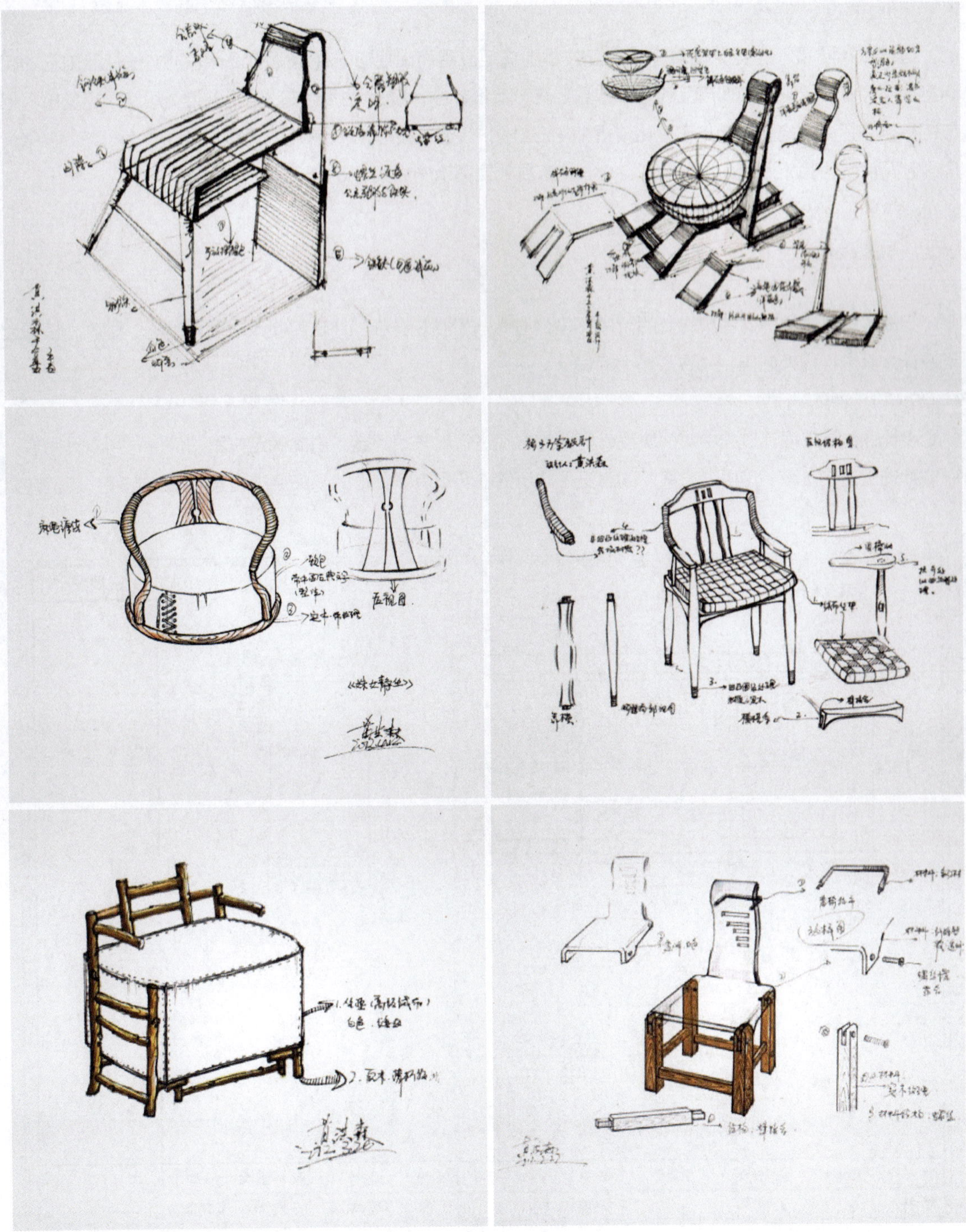

图1-59　家具设计草图（黄洪森）

2. 绘制三视图

将家具的形象按照比例绘出，展示家具的形态，以便进一步分析，常应用的软件是AutoCAD。绘制三视图要明确家具的状态，以便进一步解决造型设计上的不足与矛盾；要反映主要的结构关系，家具各部分所使用的材料要明确。家具设计完成后，在三视图的基础上绘制出透视效果图，这样让家具形态表现效果更直观、真实。家具三视图示例如图1-60所示。

3. 绘制电脑效果图

电脑效果图是20世纪末随着个人电脑技术的广泛应用而出现的一种全新的设计表现方法。目前它的实际意义已经不仅仅限于表现产品的外观效果。在产品设计中，设计师只要按照自己的设计思路给电脑输入相应的数据和指令，电脑就会将它转化成虚拟的三维图形。目前家具设计常用的造型设计软件有3DS MAX、SolidWorks、Photoshop、CorelDraw等。家具效果图示例如图1-61所示。

三、完成设计

完成设计是由设计向生产转变的阶段，设计方案一般要在详细的评估和修改之后再论证、修改，根据最终设计方案进行样板制作，并做工艺上的设计。

1. 设计评估

设计评估是在设计过程中对解决设计问题的方案进行比较、评定，由此确定方案的价值，判断其优劣，以便筛选出最佳方案。这里“方案”的意义是广泛的，可以有多种形式，如原理方案、结构方案、造型方案

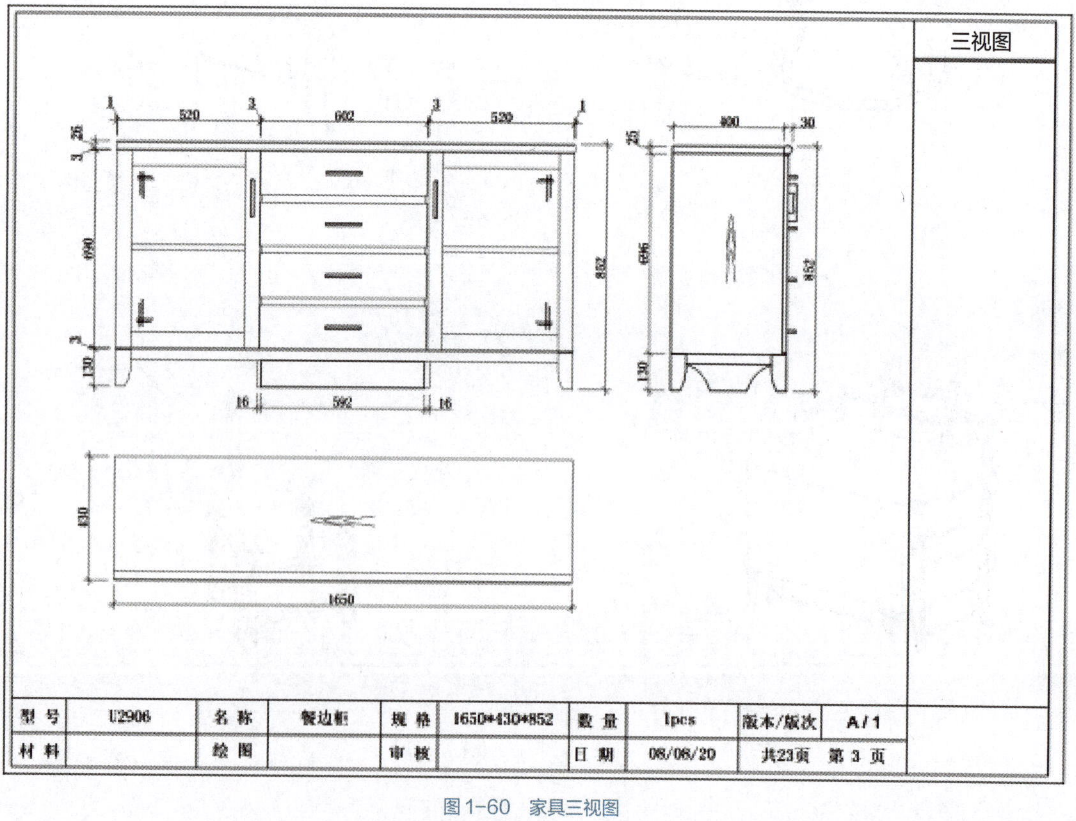

图1-60 家具三视图

图 1-61　家具设计电脑效果图（黄洪森）

等，从其载体上来看，可以是零部件或图纸，也可以是模型、样机、产品等。一般来说，评价中所指的方案实质上是针对设计中所遇到的问题进行解答，不论是实体的形态还是构想的形态，这些方案都可以作为评价的对象做出判断。

2. 设计评估的重要性

设计评估是对设计目的的检验，是对设计定位贯穿程度的考核，是对同时出现的设计方案科学的比较手段，对方案选择更能科学地提出人的感性经验和直觉因素。广义上把设计评估看成是产品的优化过程，实际上是帮助我们树立正确的观念。

首先，通过设计评估能有效地保证设计的质量。充分、科学的设计评价，能使我们从众多的设计方案中筛选出各方面性能都能满足目标要求的最佳方案。其次，适当的设计能减少设计中的盲目性，提高设计的效率，使设计的目标较为明确，同时也能避免在设计上走弯路，从而提高效果，降低设计成本。

此外，应用设计评估可以有效地检验设计方案，发现设计上的不足之处，为设计改进提供依据。设计评估的意义在于自觉控制设计过程，把握设计方向，以科学的分析而不是主观的感觉来评定设计方案，为设计师提供评判设计构想的依据。

第二章

家具造型设计与实训

章节提示

家具造型设计的设计方法及主题有很多，本章主要以模拟与仿生设计、模块组合设计、绿色设计、新中式家具设计为切入点，进行知识点的讲解及设计案例的阐述，希望读者能够学会并应用这些常用的设计方法进行家具造型设计，提高设计实战技能。

第一节　模拟与仿生设计

一、教学目标

1. 知识目标

掌握模拟与仿生设计的基本概念和方法。

2. 能力目标

能够应用模拟与仿生设计方法进行家具产品设计。

3. 素养目标

培养艺术审美能力和家具设计创新能力。

二、设计任务

设计主题：模拟与仿生家具设计。

设计要求：

①应用模拟与仿生设计方法进行家具单体产品设计，家具类型、材料不限。

②注重设计的原创性。

设计提交：设计平面排版图。将家具设计效果图、100字以内设计说明（设计理念、功能、材质及制造工艺等方面的说明）、三视图及尺寸排版于A3版面（297mm×420mm），文件格式为*.jpg，分辨率为350dpi进行提交。

课时安排：8课时。

三、知识点学习

（一）模拟与仿生设计的基本概念及方法

通过研究自然界生物的生物学原理和特征，在设计过程中遵循人体工程学原理，结合家具的具体造型与功能，有选择地应用这些原理和特征进行家具设计。

简单来说，模拟与仿生就是模仿，家具模拟与仿生设计就是“师法自然”的设计。

模拟：比较直接模仿自然形象。

仿生：重点模仿自然界的原理，主要包括结构和功能。

1. 模拟的设计方法

（1）整体造型上的模拟

家具的外形有雕塑感，这种造型可能是具象的，也可能是抽象的，或者是介于二者之间。整体造型上的模拟案例如图2-1至图2-3所示。

（2）局部构件上的模拟

模拟的主体是家具的某些功能构件，如桌椅的脚、床头板、椅子扶手等，有时则不一定是功能件，而是附加的装饰品，如图2-4至图2-6所示。

图2-1　嘴唇沙发

图2-2　蝴蝶凳

图2-3　玩具小狗椅

图2-4　腿部模仿动物腿型的局部模拟

（3）装饰图案中的模拟

装饰图案中的模拟设计多用于儿童家具的设计。它可以将各类动物描绘于板件上，然后对板件的外形进行简单的裁切加工，使之与板表面的图形相符合，然后再组装成产品，如图2-7和图2-8所示。这是一种难度最小、最容易取得效果的模拟设计方法。

2. 仿生的设计方法

家具的仿生设计主要体现在壳体家具、现代办公椅、软体家具及家具靠背曲线的应用上。

壳体生物（贝壳、蛋壳、龟壳）——壳体家具。壳体结构是生物存在的一种典型的合理结构，蛋壳、龟壳、蚌壳、人头颅骨等，虽然这些壳体壁厚都很薄，但却具有抵抗外力的能力，设计师们便应用这一原理和塑料成型工艺的新技术，制造了许多色彩丰富、形式新奇、工艺简单、成本低廉的薄壳结构的家具，如图2-9和图2-10所示。

海星脚——现代办公椅。海星结构，它的放射状的多足形体，具有特别的稳定性。人们利用海星的这一特殊结构设计出了办公椅，如图2-11和图2-12所示。

软体家具——充气沙发、充气垫。充气沙发、充气床垫、充气凳就是仿照了动物内脏充气结构具有抗压、缓冲作用的原理而设计的，如图2-13和图2-14所示。

脊椎骨——家具靠背曲线。仿照人体结构，特别是人的脊椎骨结构，设计支承人体家具的靠背曲线，使其与人体完全吻合，无疑也是仿生的原理，如图2-15和图2-16所示。

图2-5　局部模拟

图2-6　模仿人体腿部的局部模拟

图2-7　装饰图案的模拟（1）

图2-8　装饰图案的模拟（2）

图2-9 椰壳椅

图2-10 球椅

图2-11 办公椅（1）

图2-12 办公椅（2）

图2-13 充气沙发（1）

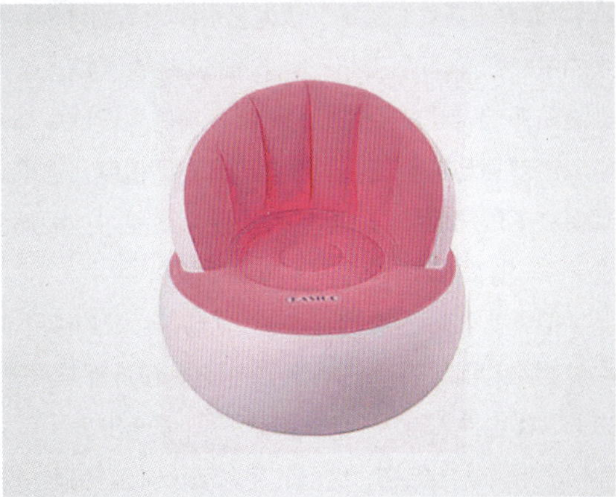

图2-14 充气沙发（2）

图 2-15　仿人体靠背曲线沙发

图 2-16　模仿人体形态的椅子

（二）模拟与仿生的艺术特性

1. 艺术化的具象再现性

设计文化与纯艺术总是在人类文化的整体构建中互生互容，互为影响。近年来，设计师常将艺术形式语言运用到工业产品设计中，使新的设计文化更深刻地切入某些艺术结构中，塑造出设计理念与艺术思潮融会贯通的新产品。在模拟与仿生家具形态的设计过程中，一方面自始至终都渗透着艺术的存在；另一方面通过具象形态在外观形态上再现模仿的自然对象，直观地呈现出模仿生物的形态特征，传达出浓厚的情趣感和亲和力。多种元素在融合规范中形成了特定的设计形式语言、艺术形式和结构。这种艺术元素与具象形态的结合可以使人们在产品中获得更多的艺术气息和新鲜的体验。

2. 诗意的抽象表现性

现代社会人们需要的是“种种能引起诗意反应的产品”，产品的非物质化使形态设计有了极大的自由度。模拟与仿生设计其形态取自自然，然而具象形的产品，由于要细致表达动植物形象，其产品结构的合理性往往受到限制，容易走入造型琐碎、枯燥乏味、不符合生产工艺等误区。考虑到这些因素，在工业产品的模拟与仿生设计中，更多的是将诗意与产品的抽象表现融合。

3. 娱乐情趣性

“席勒—斯宾塞理论”认为艺术作为美的体现，其本质是游戏和自由活动，赫伯特·斯宾塞认为：“当多余的生命力汹涌不已地化为活动时，动物就要游戏。”当人认识到为观赏而观赏的愉快时，可以说就产生了更高阶段的游戏。而它折射到模拟与仿生设计中就是人与家具的和谐、互动。在家具设计领域，设计师常常以游戏互动的手法与消费者形成对话机制。这些作品引导消费者的幻想在应有的轨道上逐渐展开，设计师将生活的情趣和对生命的理解融入产品中，而消费者则通过使用体会产品中设计语言里凝结的智慧。

4. 生命意蕴

德国美学家歌德认为：“在任何动人心弦的作品或大自然的产物中，中心问题都是意义、性格或意蕴。”仿生设计界大师路易·科拉尼曾说：“任何设计都应该遵从自然界中的生物所展示在人们面前的事实，人们不应该忘记人类也是大自然中的一部分。”一语道出设计师法自然的必要性。自然界中无数生命体有着丰富奇异的形体、多维的功能结构、绚丽的色彩装饰，这些都是模拟与仿生设计的智囊。家具通过对自然界生命形态的模仿表现，以形式美的辩证法则达到审美和效用一体化，改变了传统的造型模式，融入了新的观念和设计思维。

（三）应用模拟与仿生设计应注意的问题

取其意象，不过分追求形式；在人体工程学的前提下进行；要考虑材料、结构与工艺的科学性与合理性。

四、设计案例赏析

模拟与仿生设计案例如图2-17至图2-35所示。

图 2-17　仿动物造型的儿童座椅

图 2-18　仿海底生物的座椅

图 2-19　仿动物造型的座椅（1）

图 2-20　仿动物造型的座椅（2）

图 2-21　仿动物造型的座椅（3）

如图2-29所示，Bloom 休闲椅以人造纤维做成的柔软褶皱拼合在一个碗状的树脂基座上，底部是钢制的圆盘，整张椅子均由手工打造，外形如一片荷叶。

如图2-31所示字母椅，字母椅摆放的时候可以按照某个单词的字母顺序进行排列。产品的原型由上漆的中密度纤维板制成，设计师希望用塑料整体成型。

如图2-34所示飞鱼椅，原木制作，将它折成不同的角度，就可以看到不一样的鱼。

图 2-22　仿动物造型的座凳

图 2-23　仿动物造型的书架

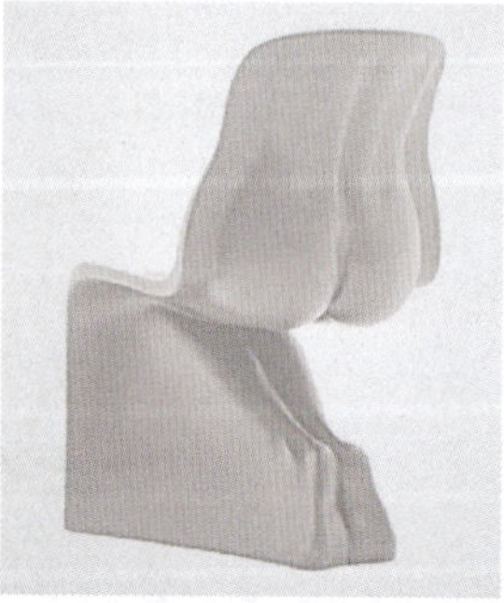
图 2-24　仿人体的座椅

图 2-25　大象椅

图 2-26　蜻蜓椅

图 2-27　章鱼椅

图 2-28　动物系列座椅

图 2-29　Bloom 休闲椅

如图2-35所示多功能充气细胞沙发，将仿生学在家具中的应用发挥到了极致。这件家具的名字叫作PicCells，即pneumatic与cell两个单词的合体，是一件可以展开的充气家具，由一个外壳和里面的细胞结构组成。在收起的情况下，沙发可以当成一个空间隔断使用。充气沙发展开之后，你可以看到里面有细胞结构，重启之后可以变成柔软的沙发坐垫，同时外壳还可以当咖啡桌使用。沙发内部的细胞结构灵感源于橘子和树。

图2-30　SAMU一系列鲸鱼造型的椅子

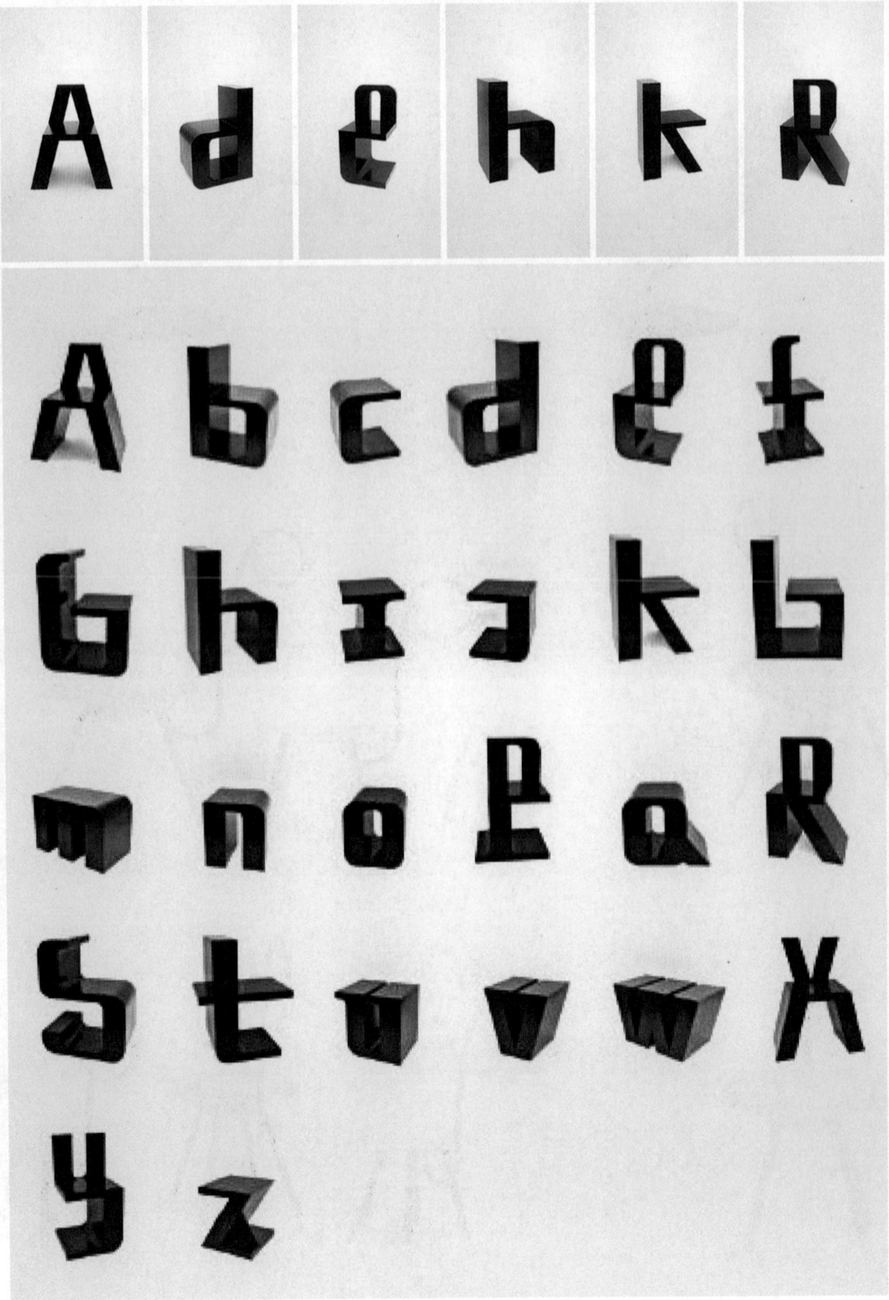

图 2-31　字母椅

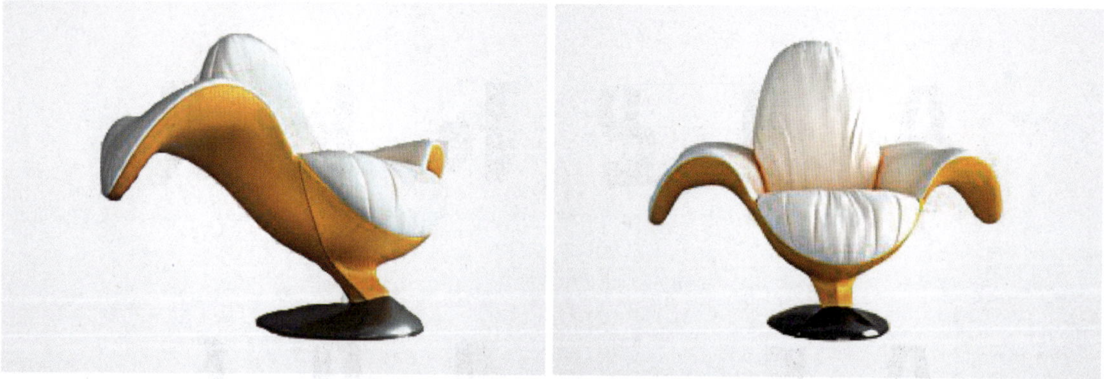

图 2-32　波兰 Wamhouse 香蕉椅

图 2-33　“猴尾巴”椅

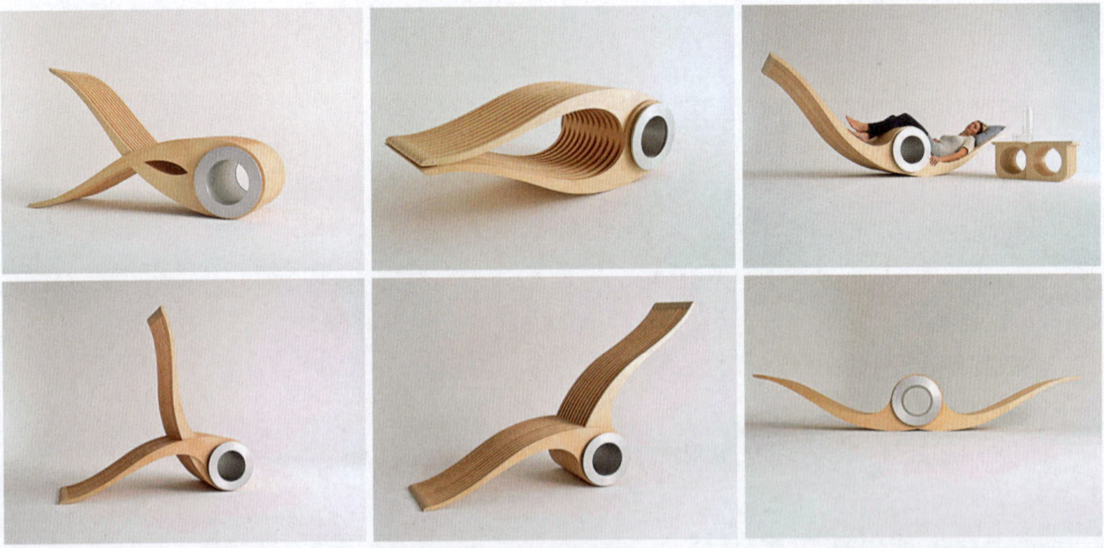

图 2-34　飞鱼椅

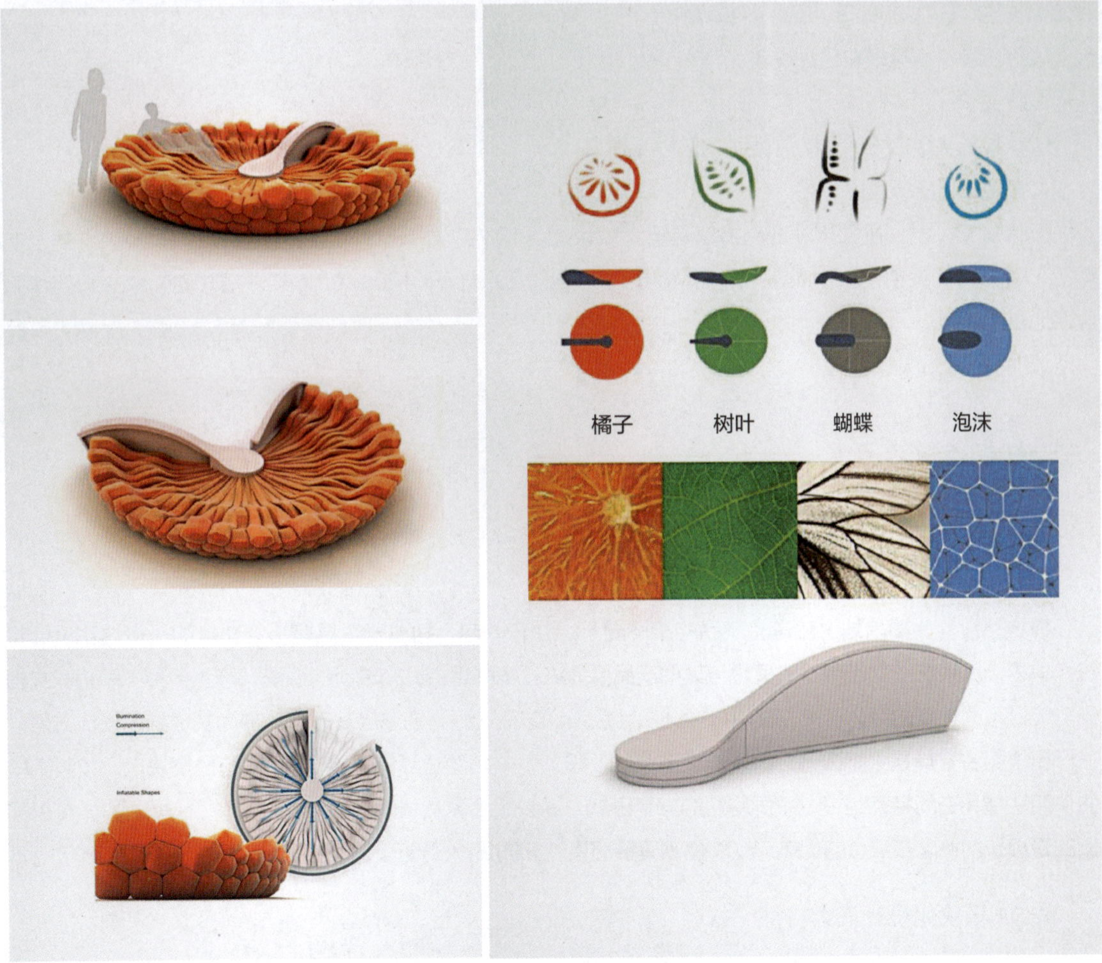

图 2-35　多功能充气细胞沙发

第二节　模块组合设计

一、教学目标

1. 知识目标

掌握模块组合设计的基本概念和方法。

2. 能力目标

能够应用模块组合设计方法进行家具产品设计。

3. 素养目标

培养艺术审美能力和家具设计创新能力。

二、设计任务

设计主题：家具模块组合设计。

设计要求：

①家具模块组合设计，家具类型、材料不限。

②注重设计的原创性。

设计提交：设计平面排版图。将家具设计效果图、100字以内设计说明（设计理念、功能、材质及制造工艺等方面的说明）、三视图及尺寸排版于A3版面（297mm×420mm），文件格式为*.jpg，分辨率为350dpi进行提交。

课时安排：8课时。

三、知识点学习

（一）模块组合设计的基本概念

模块化设计，简单地说就是将产品的某些要素组合在一起，构成一个具有特定功能的子模块化设计系统，将这个子系统作为通用性的模块与其他产品要素进行多种组合，构成新的系统，产生多种不同功能或相同功能、不同性能的系列产品。模块化设计是绿色设计方法之一，它已经从理念转变为较成熟的设计方法。

模块组合家具是“标准化、通用化、系列化”设计，并借助适当的“接口”，使这些模块可以按照不同的使用功能和空间特点组合成不同用途的家具形式。模块组合家具最大的特点是“部件就是产品”，这里强调的是模块的概念和组合的优势。模块化家具接口设计如图2-36所示。

（二）模块化设计三大特征

模块是模块化设计和制造的功能单元，具有三大特征，即独立性、互换性和通用性。

1. 独立性

可以对模块单独进行设计、制造、调试、修改和存储，这便于由不同的专业化企业分别进行生产，如图2-37所示。

2. 互换性

模块接口部位的结构、尺寸和参数标准化，容易实现模块间的互换，从而使模块满足更多数量的不同产品的需要，如图2-38所示。

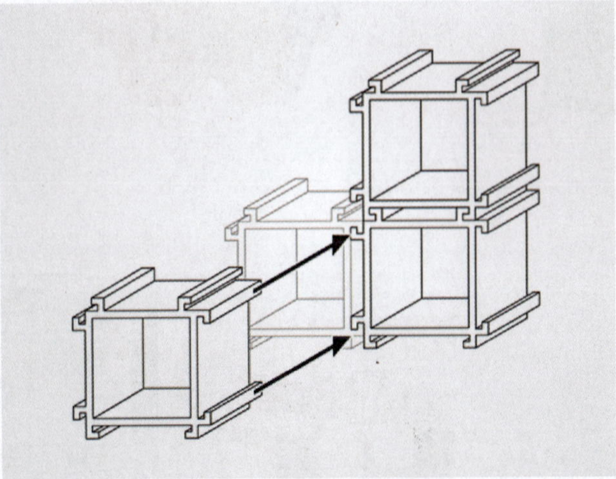

图 2-36　模块化家具接口设计

3. 通用性

通用性有利于实现横系列、纵系列产品间模块的通用，实现跨系列产品间模块的通用，如图2-39所示。

（三）模块化设计原则

模块化设计力求以少量的模块组成尽可能多的产品，并在满足要求的基础上使产品精度高、性能稳定、结构简单、成本低廉，模块间的联系尽可能简单。模块的系列化，其目的在于用有限的产品品种和规格来最大限度又经济合理地满足用户的要求。

（四）模块化设计原理

模块化产品是以实现大批量的效益进行单件生产目标的一种有效方法。产品模块化也是支持用户自行设计产品的一种有效方法。产品模块是具有独立功能和输入、输出的标准部件。这里的部件，一般包括分部件、组合件和零件等。模块化产

图 2-37　模块化家具

品设计方法的原理是在对一定范围内的不同功能或相同功能、不同性能、不同规格的产品进行功能分析的基础上，划分并设计出一系列功能模块，通过模块的选择和组合构成不同顾客定制的产品，以满足市场的不同需求。这是相似性原理在产品功能和结构上的应用，是一种实现标准化与多样化的有机结合及多品种、小批量与效率的有效统一的标准化方法。模块化家具设计如图2-40至图2-46所示。

图 2-38　字母“V”为单体造型的模块化家具设计

图 2-39　四边形为单体造型的模块化家具设计

图 2-40　几何形为单体造型的模块化家具设计

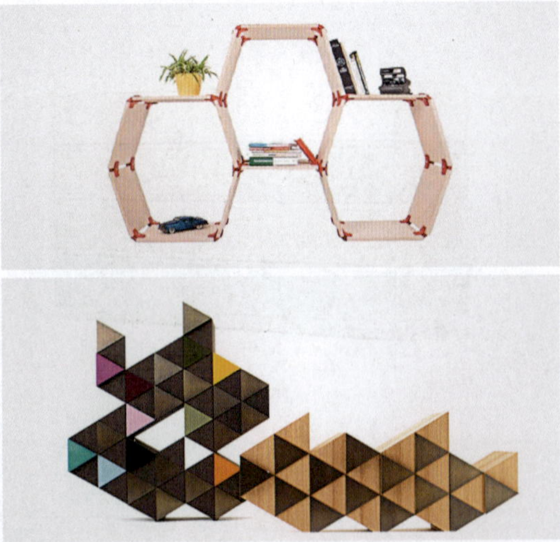

图 2-41　几何形模块化家具设计（1）

图 2-42　几何形模块化家具设计（2）

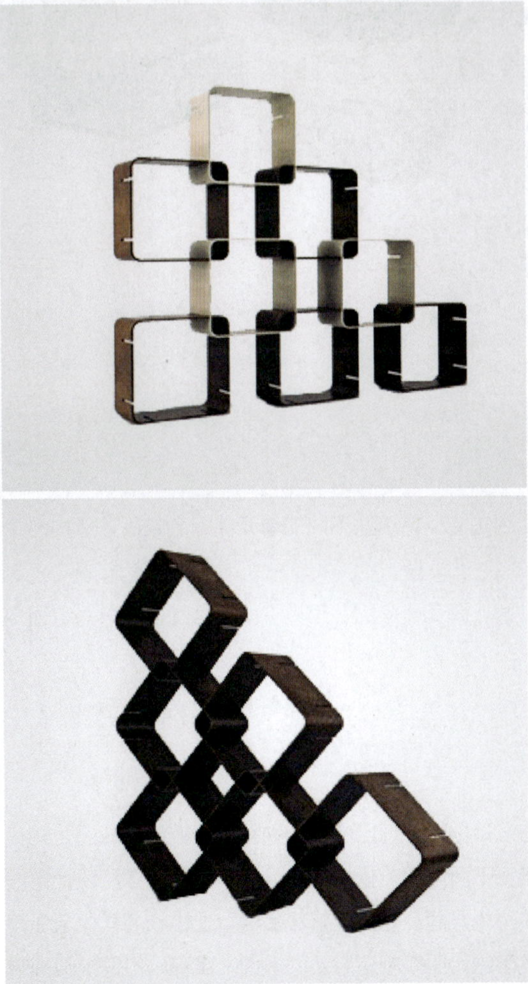

图 2-43　几何形模块化家具设计（3）

图 2-44　几何形模块化家具设计（4）

图 2-45　拼图模块化家具设计

图 2-46　模块化皮箱家具

（五）模块组合家具的规律

模块组合家具具有如下规律：

第一，每一个单元（或称单体）都具有一个方面的使用功能，将这些不同的单元体组合之后，形成一个有机整体，更好地发挥各自功能。

第二，具有模块关系。因为构成每个单元体积的长、宽、高在一个组合家具中所具有的模数关系，所以能上下、左右自由结合。

第三，制作家具的材料、工艺、结构基本要求一致。

（六）模块组合家具发展趋势

模块化设计是在传统设计基础上发展起来的一种新的设计思想，现已成为一种新技术被广泛应用，尤其是信息时代电子产品不断推陈出新，模块化设计的产品正在不断涌现。模块化设计这一设计概念和设计方法迅速在各个领域得到广泛应用，它的竞争优势主要体现在两个方面：一方面解决品种、规格的多样化与生产的专业化的矛盾；另一方面也为先进的制造技术、提高设备的利用率创造必要的条件，实现以不同批量提供顾客满意度的产品，进而使企业实现产品多样化和效益统一。

四、设计案例赏析

模块化家具设计案例如图2-47至图2-53所示。

六边形的柜子独立成块（图2-47），组装起来也并不复杂。成品就像是一个蜂巢，不仅造型时尚，使用起来也非常灵活。

Carlo Ratti Associate公司设计的这款智能沙发（图2-48），它利用一个一个模块通过不同的组合方式变成不同的形状，它的每一个模块均是一个可升降的正六边形座椅，它能以最少的材料占有最大面积。如此一来，它既能随意搭配出各种不同的形状，又能保证高效性。

图2-47　Graphite 收纳柜

由设计师Matthias Dornhofer设计的这款名为FREI RAUM的家具产品（图2-52）将模块式的家具组合呈现到极致。FREI RAUM是一款可被定位在空间中，实现不同的变化的柔性家具系统。它的主要功能就是通过可多次使用的单个元素，让家具重新组合。其灵活性可以充分适应不同类型的室内环境，同时为经常有搬家困扰的使用者提供了一个持久的解决办法。

柏林设计师Till Grosch和Björn Meier为办公室设计了一系列名为“Docks（码头）”（图2-53）的模块化组合家具，希望人们能利用形状不一的家具创造不同的办公室岛屿，激发各种奇妙的创意，并且在工作之余能够尽情放松。

Docks系列家具由德国家具制造商Ophelis公司制造，可以单独一件使用，当组合在一起的时候，又可以快速创建出会议空间。当人们想彻底放松精神或是想集中精神思考问题的时候，这套舒适的家具都是个不错的“码头”。这些一个个独立的、可以随意组合使用的模块家具，为办公室创造了灵活的使用空间，不必拘泥于功能性区域的划分，能够满足商务空间多变的需求。除了在组合上十分灵活之外，设计师也为家具的细节和性能都考虑得非常周全，例如使用吸音功能的材料，充分保护使用者的隐私，同时也设计了一些暗槽，为电子设备的电线或数据线等提供收纳。设计师们的细心和心思使“Docks”更加适合在办公场所使用。

Docks系列家具不仅有沙发，还有书桌、置物架等办公家具，不同的组合之间需要用到的家具个体也会不同，同时又与Ophelis公司的其他家具能够完美结合。

图 2-48　lift-bit 模块化沙发

图 2-49　模块化多功能书架

图 2-50　富有创意的自由组合书柜

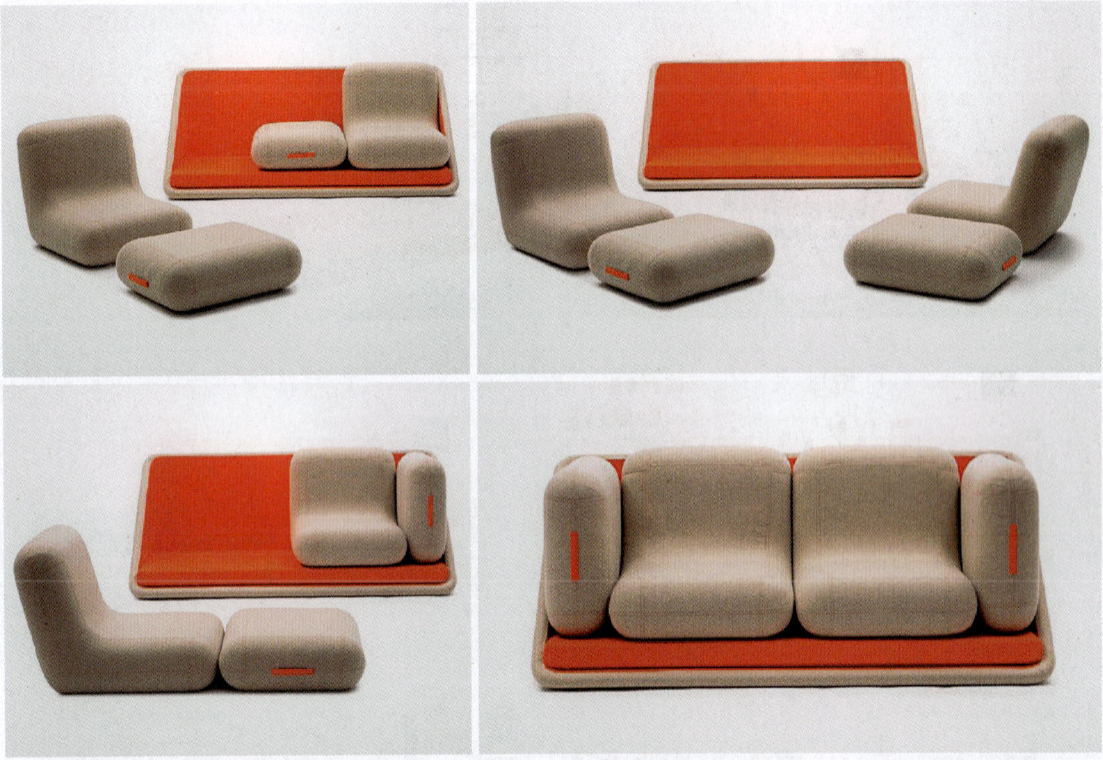

图 2-51　模块化沙发

图 2-52　可组合的模块化家具

图 2-53　Docks 模块化家具

第三节 绿色设计

一、教学目标

1. 知识目标

掌握绿色设计的基本概念、原则和设计方法。

2. 能力目标

能够进行家具产品的绿色设计。

3. 素养目标

培养艺术审美能力和家具设计创新能力。

二、设计任务

设计主题：绿色家具产品设计。

设计要求：

①进行家具产品的绿色设计，家具类型不限，鼓励应用新材料。

②设计应注重原创性。

设计提交：设计平面排版图。将家具设计效果图、100字以内设计说明（设计理念、功能、材质及制造工艺等方面的说明）、三视图及尺寸排版于A3版面（297mm×420mm），文件格式为*.jpg，分辨率为350dpi进行提交。

课时安排：8课时。

三、知识点学习

（一）绿色设计的基本概念

绿色设计也称为生态设计、环境设计等，是指在产品整个生命周期内，着重考虑产品环境属性（可拆卸性、可回收性、可维护性、可重复利用性等），并将其作为设计目标，在满足环境目标要求的同时，保证产品应有的功能、使用寿命、质量等要求。其基本思想是：在设计阶段就将环境因素和预防污染的措施纳入产品设计之中，将环境性能作为产品的设计目标和出发点，力求产品对环境的影响最小。绿色设计是20世纪80年代末出现的一股国际设计潮流。绿色设计反映了人们对于现代科技文化所引起的环境及生态破坏的反思，同时也体现了设计师道德和社会责任心的回归。

（二）绿色设计的原则

绿色设计的原则即“3R1D”原则，即Reduce、Reuse、Recycle、Degradable。

1. 少量化（Reduce）设计原则

通过降低材料的重量、面积和数量来实现生产与流通、消费过程中的节能化，达到节约资源、减少垃圾生成的目的。

2. 再利用（Reuse）设计原则

回收、再利用，即将本来已脱离产品消费轨道的零部件返回到合适的结构中，让其继续发挥作用。

3. 资源再生（Recycle）设计原则

可再生、再循环，即构成产品或零部件的材料经过回收之后的再加工，得以新生，形成新的材料资源而重复使用。

4. 可降解（Degradable）设计原则

可降解设计原则是指进行家具产品设计时尽可能地应用可降解材料，以达到绿色设计的目的。可降解材料是指在自然环境作用下，经过自然吸收、消化、分解可不产生固体废弃物的一类材料。对于家具传统用材来说，可降解材料主要包括木材、竹材、纸材、植物纤维以及一些综合材料等。

（三）绿色设计的内容

绿色设计的主要内容包括绿色产品设计的材料选择与管理，产品的可拆卸性设计，产品的可回收性设计。

1. 绿色产品设计的材料选择与管理

一方面，不能把含有有害成分与无害成分的材料混放在一起；另一方面，对于达到寿命周期的产品，有用部分要充分回收利用，不可用部分要用一定的工艺方法进行处理，使其对环境的影响降到最低。绿色产品设计的材料选择与管理在家具中的应用如图2-54至图2-59所示。

芬兰设计师Timo Hoisko用金属管和芬兰当地的大麻纤维设计了一款造型非常简洁的Farmline椅（图2-54）。大麻纤维是一种生态材料，这种植物通常在靠近农场的地方自然生长，这也是这款Farmline椅名字的由来。这款椅子的结构仅由一根围绕椅身并形成三条椅腿的金属管组成，而杯形的椅面则从前方和两侧部位将椅子框架包覆起来。骨架状的结构使Farmline椅可以堆叠存放。

Jens Praet环保家具（图2-55）的材料都是利用废弃的文件碎片，非常环保。桌子不大，将废弃文件的碎片用树脂混合，然后进行压缩成型，有着和木头一样的坚硬度。

如图2-56所示环保椅，这个椅子从开始到最后都很好地把握着绿色设计的尺

图2-54 Farmline椅

图2-55 Jens Praet环保家具设计

度。木头采用快速成长和自我再生速度快的品种，并且不使用任何含甲醛的胶黏剂，使用一些农作物做成的替代品。桌子和椅子也搭配得很巧妙，简洁，生机盎然。

如图2-57所示环保椅使用了一种树木纤维材料来代替塑料。这种材料代替的绿色设计很多，而这个表现得非常出色，能够促使这种材料应用范围更广。使用革新绿色材料的还有竹家具，如图2-58所示。

如图2-59所示利用废瓦片做成的家具，设计环保二合一，一来可以节省制作成本，二来非常环保。

图 2-56　环保椅

图 2-57　树木纤维环保椅

2. 产品的可回收性设计

产品的可回收性设计指综合考虑材料的回收可能性、回收价值的高低、回收的处理方法等。产品的可回收性设计在家具中的应用如图2-60和图2-61所示。

利用瓦楞纸做成的家具100%可回收，组成的家具中，除了重要部位的螺丝固定件外，完全没有其他塑料、金属等材质的存在，但是这些家具依然有着独特的坚固性。

3. 产品的可拆卸性设计

设计师要使所设计的结构易于拆卸，维护方便，并在产品报废后能够重新回收利用。

1859年，奥地利人索耐特（Michael Thonet）设计了第一把可以组装并且得到量产的椅子Thonet 14（图2-62）。这把椅子利用蒸汽曲木技术制作，所有零部件都可以拆装，方便运输及工业化生产。Thonet 14至今已经生产超过5000万把，它的成功不仅代表技术、生产方式的进步，更是现代设计理念的进步。此外，产品的可拆卸性设计也常被用于桌子的设计，如图2-63和图2-64所示。

除以上三点之外，还有绿色产品的成本分析和绿色产品设计数据库等。

图 2-58　竹家具

图 2-59　日本环保瓦片椅

图 2-60　织物缝制座面的座椅

图 2-61　瓦楞纸家具

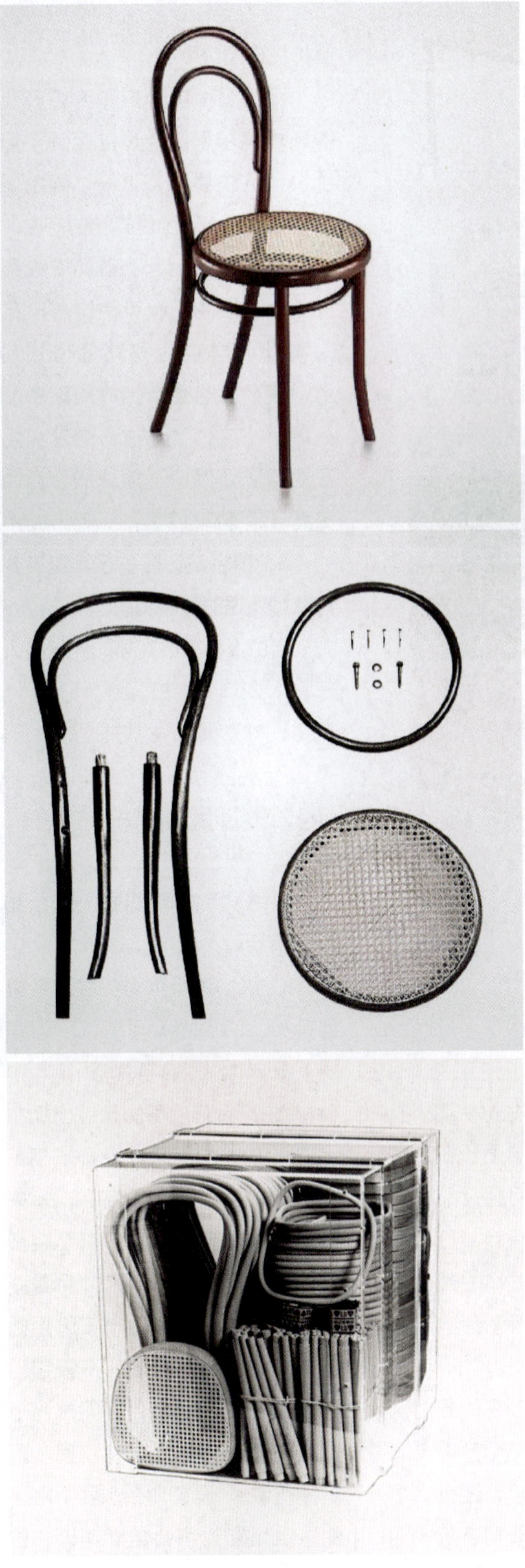

图 2-62　平板包装的鼻祖“Thonet 14”

图 2-63　可拆卸桌子（1）

图2-64 可拆卸桌子（2）

（四）绿色设计的主要特点

1. 扩大了产品的生命周期

绿色设计将产品的生命周期由“产品的生产到投入使用”延伸到“产品使用结束后的回收重用及处理处置”。这便于在设计过程中从总体角度理解和掌握与产品有关的环境问题及原材料的循环管理、重复利用、废弃物的管理和堆放等。只有对产品生命周期的各个阶段进行总体考虑，才能进行绿色设计的整体优化。

2. 绿色设计是并行闭环设计

传统串行设计的生命周期是指从设计、制造直至废弃的各个阶段，而产品废弃后的各个环节则很少考虑，因而是一个开环过程；而绿色设计的生命周期除传统生命周期各个阶段外，还包括产品废弃后的拆卸回收、处理处置，实现了产品生命周期各阶段的闭路循环过程，是并行闭环设计。

3. 绿色设计有利于保护环境，维护生态系统平衡

设计过程中分析和考虑产品的环境需求是绿色设计区别于传统设计的主要特征之一，绿色设计可从源头上减少废弃物的产生。

4. 绿色设计可有效保护资源

由于绿色设计可使构成产品的零部件材料得到充分有效利用，在产品的整个生命周期中能耗最小，减少了对材料资源和能源的需求，保护了地球的资源，使其可合理持续利用。

5. 绿色设计减少了大量废弃物及其处理的棘手问题

绿色设计将废弃物的产生消灭在萌芽状态，可使其数量降到最低限度，大大缓解了垃圾处理的矛盾。

四、设计案例赏析

绿色设计案例如图2-65至图2-82所示。

如图2-65所示为芬兰著名设计师Alvar Aalto（阿尔瓦·阿尔托）于20世纪30年代设计，由Artek生产，它的身影从此出现在全球。这些陈旧的Artek椅子不是展览用的样品，而是商品，有来自工厂，也有来自船厂甚至跳蚤市场，它们被收集起来并且重新销售，这些经历了几十年风雨的椅子身上写满了故事。不管它们来自何方去向何处，它们永远不会被时代抛弃，正如阿尔瓦·阿尔托所说：“没有什么东西能够重生，但是它也不会全然消逝，曾经存在，将不断重现。”

图 2-65　再生版家具

图 2-66　废旧家具的再设计

图 2-67　铸铁浴缸做成的沙发

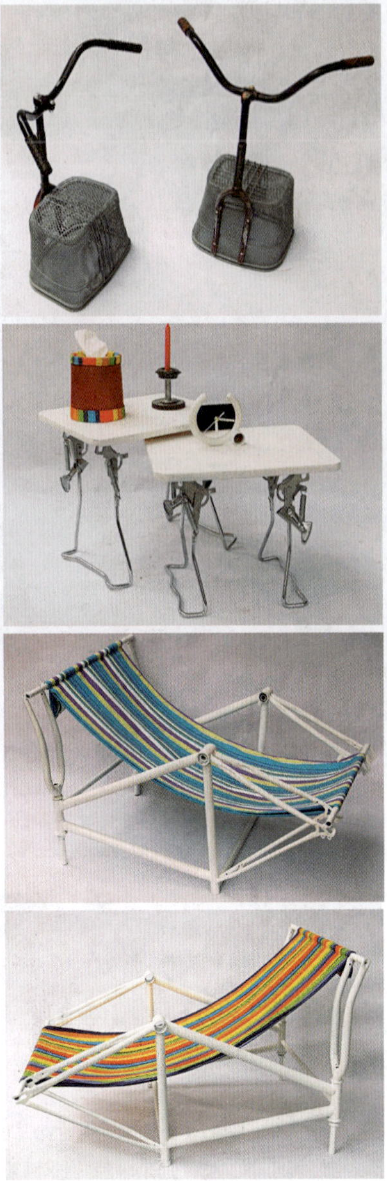

图 2-68　废弃自行车家具系列产品

如图2-69所示可拆卸组装的便携式咖啡桌，使用实木手工制作，现代的线条。一个多结构模块化的家具，它由一个椅子、咖啡桌、凳子组合在一起。

如图2-71到图2-73所示，可以将椅子的靠背拆下来放到下面，变成一个茶几，方方正正的感觉有点像明式家具。餐桌的腿也是可拆下来的，侧着放就成为一张矮茶几或者咖啡桌。还有沙发中间的桌子，也可以与沙发互换位置，是符合现代人需要的一种灵活的家具。

如图2-74所示为可分离式的设计。这是一个创新、解构的沙发，设计师将沙发垫和框架分开，靠垫被分别固定在沙发上。通过可拆分的靠垫打造出蓬松的舒适感，让使用者联想到柔软、舒适的云朵。框架和靠垫分开销售，为人们打造独特而有个性的沙发提供了可能。允许用户轻松地更新或改装，延长了沙发的使用寿命。

图 2-69　可拆卸组装的便携式咖啡桌

图 2-70　可拆装凳子

图 2-71　可拆装茶几

图 2-72　新加坡 JiaHao LIAO 作品

图 2-73　新加坡设计师 JiaHao LIAO 推出的拆装性系列家具

图 2-74 宜家可拆卸式沙发

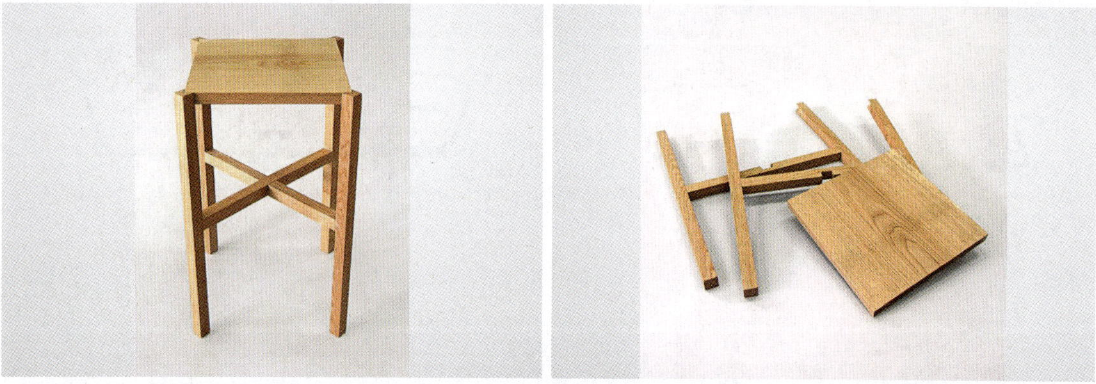

图 2-75 可拆卸木制家具（1）

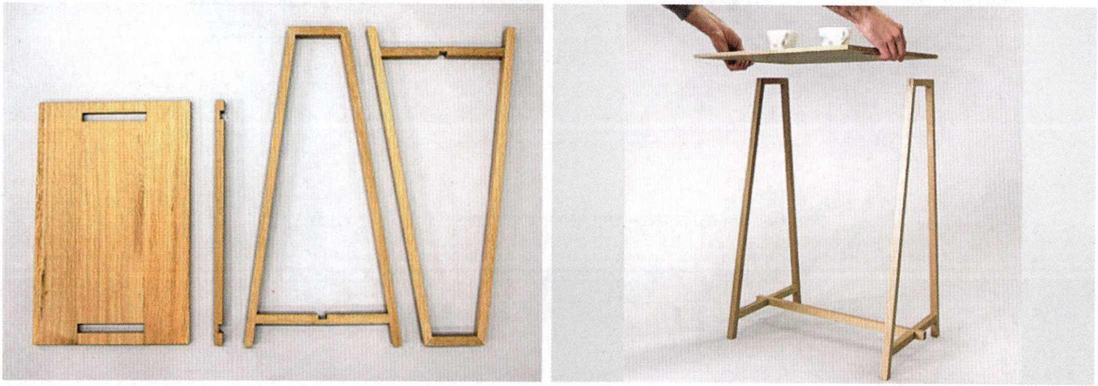

图 2-76 可拆卸木制家具（2）

图 2-77　可拆卸隐藏式家具

图 2-78　可拆卸模块化家具

图 2-79　客厅组合的可拆卸设计和它的平板包装

图 2-80　茶几拼装图和平板包装

图 2-81　置物架拼装图和平板包装

图 2-82　沙发拼装图和平板包装

第四节　新中式家具设计

一、教学目标

1. 知识目标

掌握新中式家具的基本概念；掌握明式家具的概念和分类、材料与结构；掌握新中式家具的创新设计方法。

2. 能力目标

能够进行新中式家具设计。

3、素养目标

培养艺术审美能力和家具设计创意能力。

二、设计任务

设计主题：新中式家具设计。

设计要求：

①以实木为基材，融古典文化与现代审美，体现新中式风格。

②注重产品功能及造型的创新，具有可批量生产性。

③鼓励新材料应用。

设计提交：设计平面排版图。将家具设计效果图、100字以内设计说明（设计理念、功能、材质及制造工艺等方面的说明）、三视图及尺寸排版于A3版面（297mm×420mm），文件格式为*.jpg，分辨率为350dpi进行提交。

课时安排：12课时。

三、知识点学习

（一）新中式家具的基本概念

新中式家具是在传统美学规范之下，运用现代的材质与工艺，去演绎中国传统文化中的精髓，使家具不仅拥有典雅、端庄的中国气息，还具有明显的现代特征。

新中式家具应包含两方面的基本内容：一是中国传统家具的文化意义在当前时代背景下的演绎；二是对中国当代文化情况充分理解基础上的当代设计。它是在当今时代下，以现代全球化趋势的文化背景作为审美情趣的参照，既区别于传统和当代所有其他风格，又具有典型中国文化特色的新概念家具设计。它的特点就是在现代风格的基础上蕴涵中国传统家具的文化意义。

（二）新中式家具的特点

1. 造型

新中式家具的造型相对于传统的设计来说，要更加丰富多彩。在造型设计方面，新中式家具比传统中式家具更加匠心独运，妙趣横生，传统中式家具比较强调其功能性，装饰风格和方式大同小异，新中式风格家具结合现代和西方的审美，在造型上也会更加丰富，造型流畅，最终通过将传统的家具和现代风格融合，设计出既有传统色彩，又有现代风格的家具。

2. 材料

新中式家具的选材遵循传统家具设计的原则，主要使用的是一些富含古朴质地的材质，比如木材、竹材、藤蔓等，虽然也有运用现代化的材质，比如钢铁、毛皮等，但大多数都是合二为一的。

3. 图案

传统的装饰图案主要是以云纹、回纹、拐子纹、绳纹、盘肠纹和草龙纹等为主。在新中式家具中，云纹、回纹和拐子纹使用最多，回纹和云纹在新中式家具中则是最具代表性的装饰纹样，在椅子背板、扶手、腿足以及桌案的牙条、牙头等部位均可以看到这些图案和花纹的身影，这也成了新中式家具的一大特点。

新中式家具主要是利用意境进行创意设计。很多的结合并不是实际的结合，而是意到即至的结合，它在空灵中可以让人感受到实际的表达，很多经典的明式家具创作都有意境的存在。

（三）新中式家具设计原则

1. 强调对称之美

新中式家具设计必须遵循的是对称整齐的原则，追求统一的秩序之美，坚持左右对称统一，表现出高度的理性特点，将传统中式风格的特点充分发挥在新中式家具的设计当中，突出新中式家具设计的特点。

2. 强调含蓄之美

含蓄是中国审美的另外一个显著特点，自古至今中国人都强调隐忍和谦虚，这些或多或少也对新中式家具设计产生了影响。

3. 强调审美与实用性的统一

新中式家具不仅强调其装饰性，对功能性的要求也非常高。比如在椅子的设计中，椅子的座面相对比较简洁，但是在靠背处仍然会有透雕或者复杂的花纹，而且曲直相间，繁简得当，高贵的气质仍然显露无遗。新中式家具不仅要强调审美性，还要强调家具的实用性。

（四）明式家具

要掌握新中式家具设计的精髓就一定要了解中国传统家具的发展，这其中又以“明式家具”为重点。

什么是“明式家具”呢？明式家具是我国明代及清代早期形成的一项艺术成就，被世人誉为东方艺术的一颗明珠，在世界家具体系中享有盛名。明式家具主要指明代和清代前期以硬木制作、设计精巧、制作精良、风格简约的优质家具。明式家具在工艺制作和造型艺术的成就已达较高的水平，是中国智慧的杰出代表。

明式家具按用途可以分为五大类：椅凳类、桌案类、床榻类、柜架类和杂项类。

1. 椅凳类

（1）杌凳

杌凳如图2-83和图2-84所示。

（2）坐墩

坐墩如图2-85和图2-86所示。

（3）交杌

交杌俗称马扎，是古代的胡床，它自东汉传入后，流传甚广，基本形式为8条直木构成，如图2-87所示。

（4）长凳

长凳即为一种小条凳，是一件民间日用品，二人并坐而得名，如图2-88所示。

（5）椅

椅可分为交椅、圈椅、官帽椅、玫瑰椅、靠背椅、太师椅等。

①交椅：交椅形制为前后两腿交叉，交接点作轴，上横梁穿绳代座，于前腿上截即座面后角上安装弧形栲栳圈，正中有背板支撑，人坐其上可以后靠，如图2-89所示。等级较高交椅不仅陈设室内，外出时也可携带。宋、元、明乃至清代，皇室官员和富户人家外出巡游、狩猎都携带交椅。

②圈椅：圈椅由交椅发展而来，最明显的特征是圈背连着扶手，从高到低一顺而下，坐靠时可使人的臂膀都倚着圈形的扶手，十分舒适，颇受人们喜爱，如图2-90所示。造型婉约优美，体态丰满劲健，是独具特色的椅子样式之一。圈椅的椅圈与交椅的椅圈完全相同，交椅以其面下特点命名，圈椅则以其面上特点命名。

③官帽椅：官帽椅以其造型酷似古代官员的官帽而得名。官帽椅分南官帽椅和四出头官帽椅两种。四出头官帽椅的靠背搭脑两端、左右扶手的前端出头，如图2-91所示。南官帽椅是在椅背立柱与搭脑的衔接处做出圆角，由立柱作榫头，搭脑两端的下面作榫眼，压在立柱上，如图2-92所示。椅面两侧的扶手也采用同样做法。

④玫瑰椅：玫瑰椅实际上是南官帽椅的一种，它的椅背通常低于其他各式椅子，和扶手的高度相差无几。背靠窗台平设数椅，不高出窗台，配合桌案陈设时又不高过桌面。黄花梨玫瑰椅如图2-93所示。

⑤靠背椅：靠背椅是只有后背而无扶手的椅子，分为一统碑式和灯挂式两种。灯挂椅因其两端长出柱头，又微

图 2-83 黄花梨有束腰长凳

图 2-84 紫檀四面平马蹄长方凳

图 2-85 黄花梨八足圆墩

图 2-86 黄花梨四开光坐墩

向上翘，犹如挑灯的灯杆，因此名其为“灯挂椅”，如图2-94所示；一统碑式的椅背搭脑与南官帽椅的形式完全一样，如图2-95所示。

⑥太师椅：太师椅是传统家具中唯一用官职来命名的椅子，原为官家之椅，是权力和地位的象征。放在皇宫、衙门内便带官品职位的涵义，放在家庭中也显示出主人的地位。它体态宽大，靠背与扶手连成一片，形成一个三扇、五扇或者是多扇的围屏，如图2-96所示。

图 2-87　紫檀交杌

图 2-88　黄花梨条凳

图 2-89　黄花梨交椅

图 2-90　明黄花梨圈椅

图 2-91　黄花梨四出头官帽椅

图 2-92　紫檀南官帽椅

图 2-93　黄花梨玫瑰椅

图 2-94　明黄花梨灯挂椅

图 2-95　一统碑式靠背椅

2. 桌案类

桌案类家具包括炕桌、炕几、炕案、香几、酒桌、方桌、条几、条案、书桌、画桌等，如图2-97至图2-103所示。

3. 床榻类

床榻类主要包括榻、罗汉床、架子床、拔步床。

（1）榻

只有床身，上无任何装置的卧具为榻，如图2-104和图2-105所示。

（2）罗汉床

床上后背及左右两侧安装“围子”的为罗汉床，如图2-106和图2-107所示。

（3）架子床

架子床指有柱有床顶的床，如图2-108和图2-109所示。

（4）拔步床

拔步床又称八步床，底下铺板，床置身于地板之上，如图2-110所示。

4. 柜架类

柜架类包括架格、亮格柜、圆角柜、方角柜等。

（1）架格

架格基本形式是以立木为四足，用横板将空间分隔成若干层，如图2-111所示。

（2）亮格柜

亮格柜的亮格都在上，柜子在下，兼具陈置与收藏两种功能，如图2-112所示。

（3）圆角柜

圆角柜在柜帽转角处多削方棱成圆角，如图2-113所示。

（4）方角柜

方角柜四角见方，上下等大，腿足垂直无侧脚，如图2-114所示。

5. 杂项类

杂项类种类较多，大致有屏风、闷户橱、提盒、都承盘、镜台、官皮箱、衣架、面盆架等，如图2-115至图2-120所示。

图 2-96　紫檀太师椅

图 2-97　紫檀方炕桌

图 2-98　黄花梨香几

图 2-99　黄花梨夹头榫酒桌

图 2-100　黄花梨有束腰方桌

图 2-101　黄花梨翘头案

图 2-102　紫檀平头长案

图 2-103　黄花梨架几式书案

图 2-104　黄花梨有束腰直足榻

图 2-105　黄花梨有束腰三弯榻

图 2-106　紫檀三屏罗汉床

图 2-107　铁力大理石罗汉床

图 2-108　黄花梨月洞式架子床

图 2-109　黄花梨门围子架子床

图 2-110　黄花梨龙凤纹十柱拔步床

图 2-111　黄花梨架格

图 2-112　黄花梨亮格柜

图 2-113　黄花梨圆角柜

图 2-114　黄花梨方角柜

图 2-115　屏风

图 2-116　黄花梨三屏风式镜台

图 2-117　黄花梨提盒

图 2-118　黄花梨官皮箱

图 2-119　黄花梨衣架

图 2-120　鸡翅木都承盒

（五）明式家具用材

明式家具用材可分为硬木与柴木两类。硬木包括紫檀木、铁力木、黄花梨木、条纹乌木、鸡翅木等；柴木包括楠木、榆木、榉木、樟木、柞木、核桃木等，如图2-121至图2-129所示。另外还有瘿木，瘿木并不是树木的名称，而是老干段盘根错节，结瘤生瘿处的木材叫瘿木。材料具体信息可扫描对应二维码了解。

图 2-121　紫檀

图 2-122　黄花梨

图 2-123　铁力木

图 2-124　条纹乌木

图 2-125　酸枝木

图 2-126　楠木

图 2-127　柚木

图 2-128　榆木

图 2-129　榉木

（六）榫卯结构

榫卯是指在两个木构件上所采用的一种凹凸结合的连接方式，凸出部分叫榫，凹进部分叫卯。榫卯结构是中国传统家具及其他木制器械的主要结构方式。利用榫卯结构，两块木结构之间可以达到“天衣无缝”的程度。榫卯结构多达数十甚至上百种，归纳起来主要是：横梁之间点与点的连接、面与面的连接以及三个部件乃至多个部件连接。下面介绍经典的33种榫卯结构形式。

1. 点与点的连接

点与点的连接如图2-130至图2-140所示。

2. 面与面的连接

面与面的连接如图2-141至图2-144所示。

3. 三个以上部件的连接

三个以上部件的连接如图2-145至图2-162所示。

扫码查看
“榫卯三十三式”结构

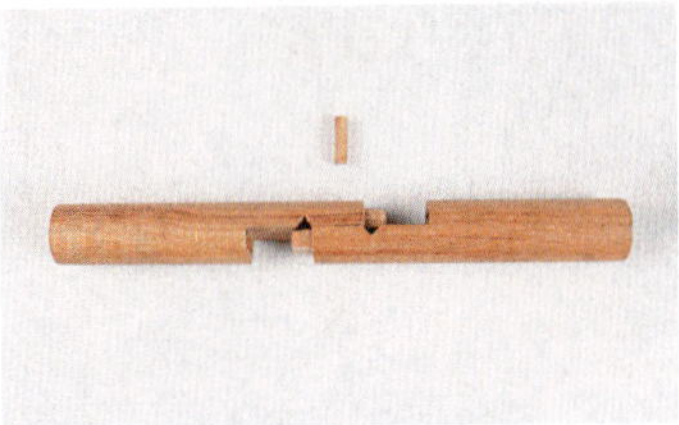

图 2-130　楔钉榫

图 2-131　挖烟袋锅榫

图 2-132　圆柱丁字结合榫

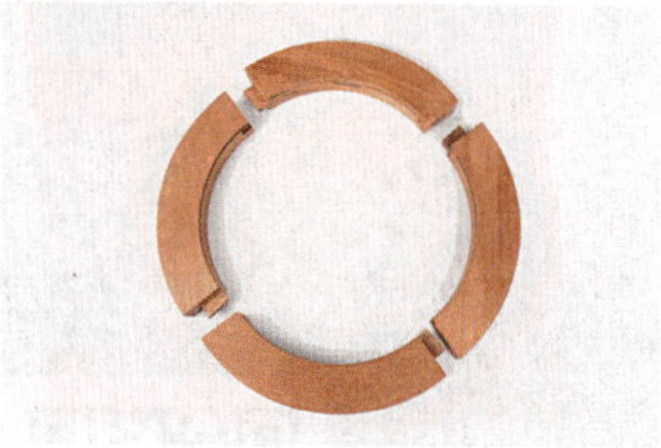
图 2-133　圆香几攒边打槽

图 2-134　抄手榫

图 2-135　方材角结合床围子攒接万字

图 2-136　方材丁字结合（榫卯大进小出）

图 2-137　直材交叉结合

图 2-138　弧形直材十字交叉

图 2-139　弧形面直材角结合

图 2-140　方材丁字形结合榫卯用大格肩

图 2-141　平板明榫角结合

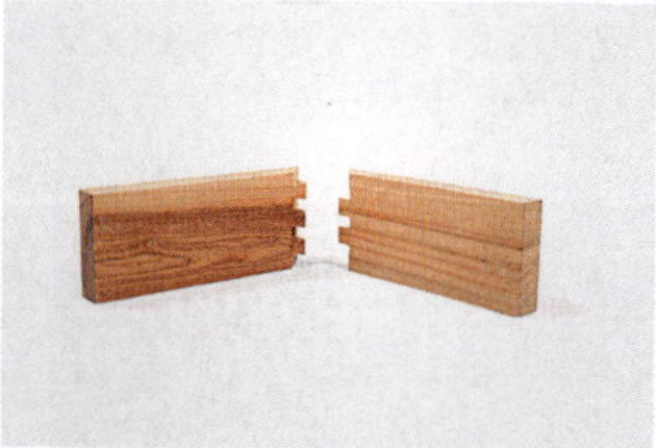
图 2-142　厚板闷榫角结合

图 2-143　厚板出透榫舌拍抹头

图 2-144　走马销

图 2-145　夹头榫（腿足上端嵌夹牙条与牙头）

图 2-146　云形插肩榫（牙条、牙头分造）

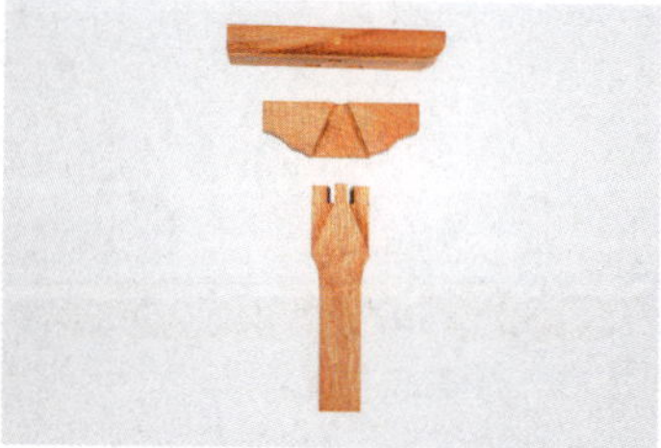
图 2-147　扇形插肩榫

图 2-148　传统粽角榫

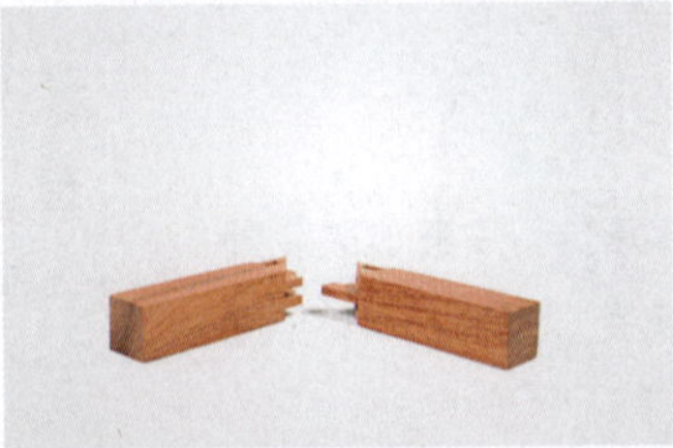

图 2-149　双榫粽角榫

图 2-150　带板粽角榫

图 2-151　高束腰抱肩榫

图 2-152　挂肩四面平榫

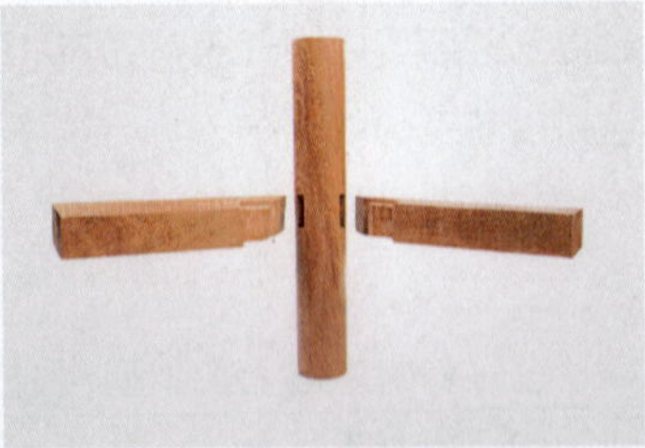

图 2-153　圆方结合裹腿

图 2-154　圆柱二维直角交叉榫

图 2-155　攒边打槽装板

图 2-156　一腿三牙方桌结构

图 2-157　方形家具腿足与方托泥的结合

图 2-158　三根直材交叉

图 2-159　加云子无束腰裹腿杌凳腿足与凳面结合

图 2-160　插肩榫变形

图 2-161　柜子底枨

图 2-162　椅盘边抹与椅子腿足的结构

（七）新中式家具的创新设计方法

1. 承传

保存传统家具的基本面貌，整体承传。只通过改变局部，使传统家具在现代获得延伸和演变，如图2-163至图2-165所示。

2. 分解

以打破传统家具的样式为前提，整体改变。提炼和吸收局部元素，以现代家具为本，引入传统元素进行创新，这是传统家具的突破，将传统家具上升为一种符号，如图2-166至图2-168所示。

3. 淡化

在分解的基础上加大现代成分，淡化传统要素，强化现代感，只在局部显示一丝淡淡的痕迹，如图2-169至图2-171所示。

4. 意境

充分理解中国传统思想文化，领会其深刻内涵，摆脱传统的物化表相，进入深层的精神领域去探索，提炼出“文

图 2-163　传统圈椅

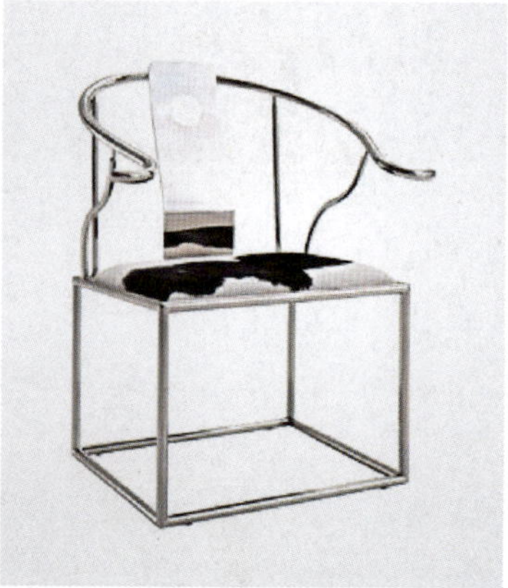

图 2-164　现代圈椅

图 2-165　玫瑰椅（朱小杰）

图 2-166　新中式坐椅（木艺坊）

图 2-167　新中式坐椅（璞素）

化符号”，运用到家具设计中。在保证设计理念与设计文化的内涵是中国化的前提下，打造崭新的现代中式家具，如图2-172所示。

图 2-168　新中式坐椅（红古轩）

图 2-169　储琴（自在工坊）

图 2-170　云栖四柱床（木智工坊）

图 2-171　书柜（铮舍）

图 2-172　钱椅（朱小杰）

这把椅子是以白描的手法，用寥寥几笔将明式圈椅的精神勾勒出来。作者设计钱椅，就是想表达“然则我内直而外曲，成而上比”的意境，不仅仅是对明式圈椅的传承。

四、设计案例赏析

设计实训优秀案例如图2-173至图2-176所示。

新中式家具品牌有自在工坊、U+、平仄、半木、上下、荣麟京瓷、檀颂、曲美万物、迪蕾罗莎、苏梨、忆东方、东方韵、花梨传奇、卓尔百匠、东方厚、璞睿、鲁颂、木智工坊、素元等，下面选取部分品牌的产品以供鉴赏，如图2-177至图2-192所示。

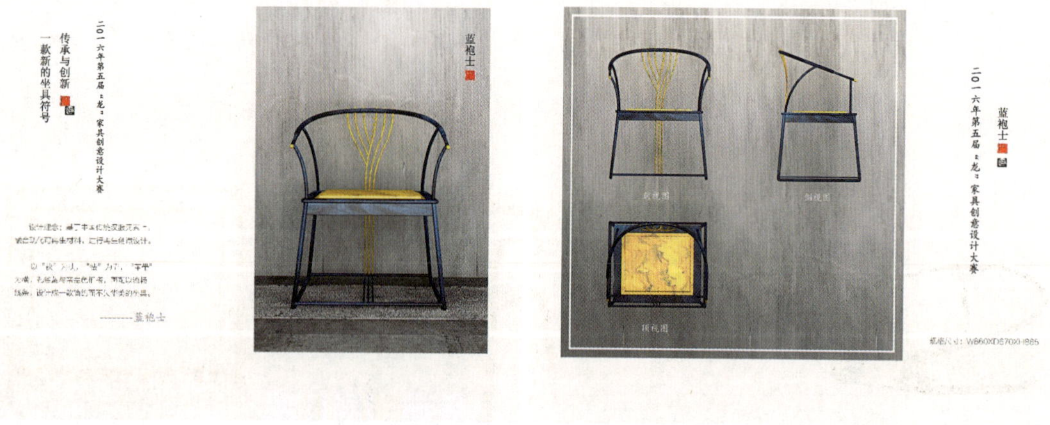

图 2-173　蓝袍士（黄洪森）

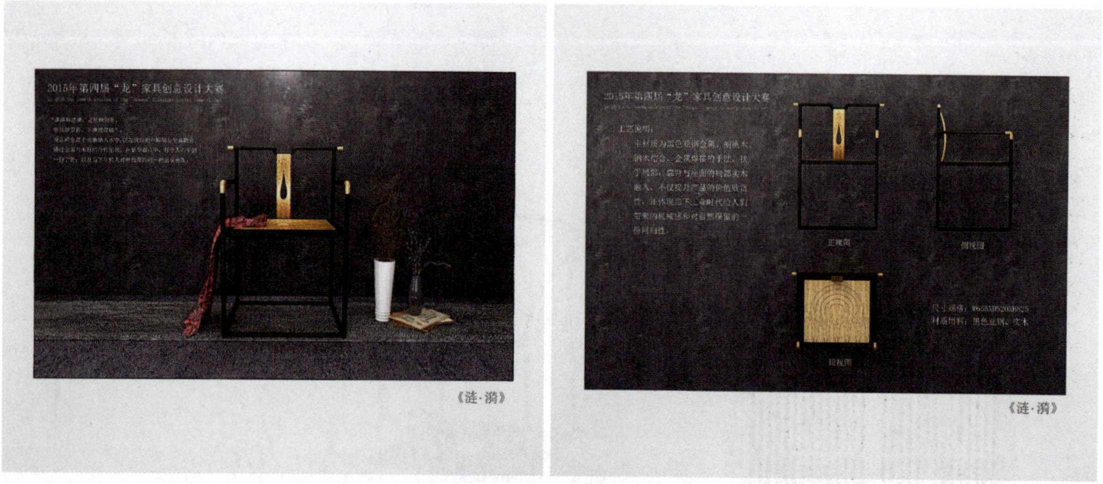

图 2-174　涟漪（黄洪森）

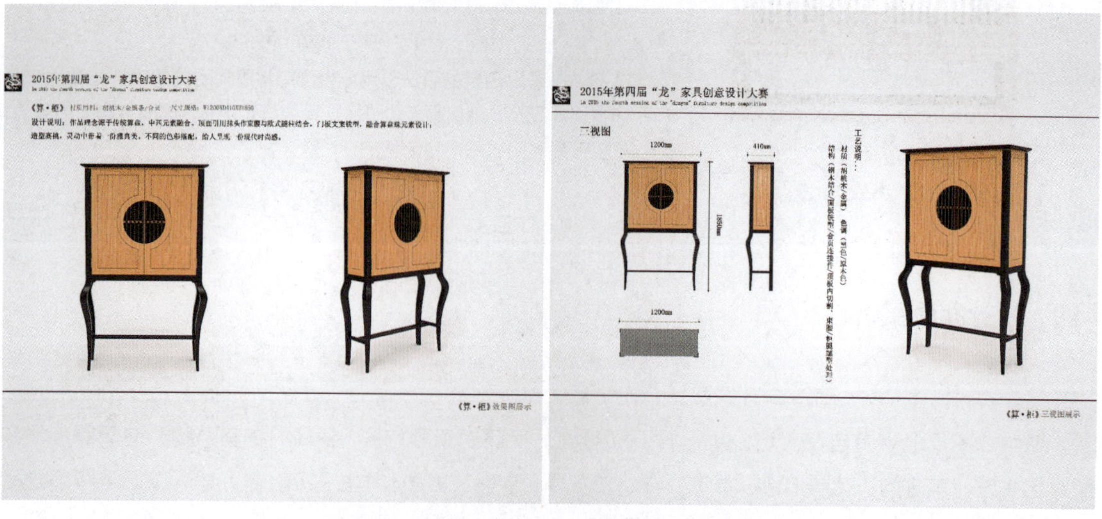

图 2-175　算柜（黄洪森）

图 2-176　宋韵（黄洪森）

图 2-177　椅子（1）

图 2-178　椅子（2）

图 2-179　椅子（3）

图 2-180　椅子（4）

图 2-181　椅子（5）

图 2-182　椅子（6）

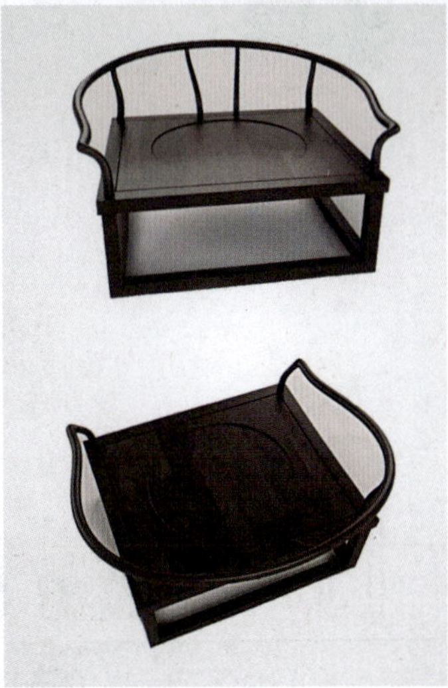

图 2-183　椅子（7）

图 2-184　椅子（8）

图 2-185　椅子（9）

图 2-186　桌子（1）

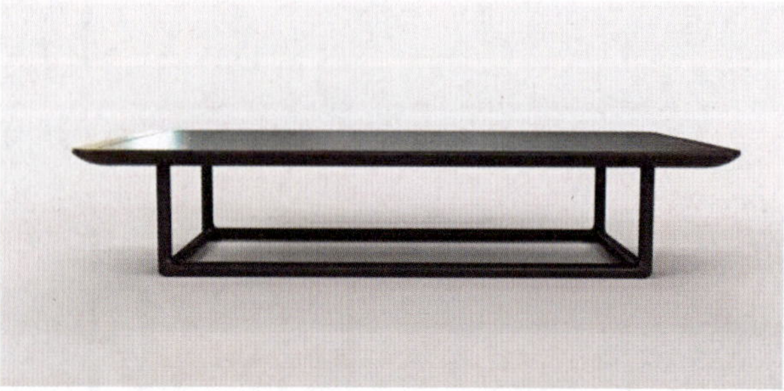

图 2-187　桌子（2）

图 2-188　桌子（3）

图 2-189　桌子（4）

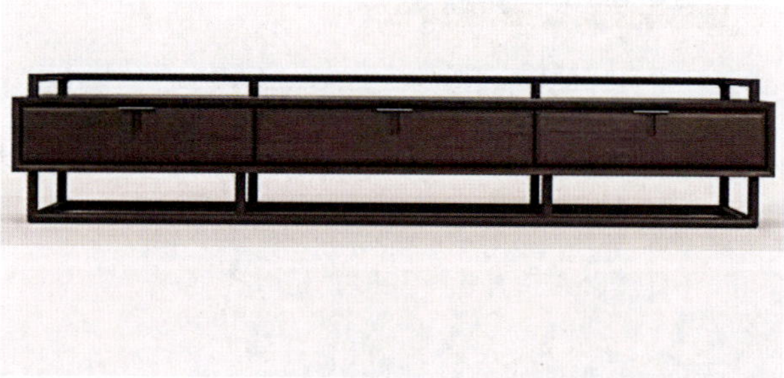

图 2-190　柜子

图 2-191　组合家具（1）

图 2-192　组合家具（2）

第三章 国外经典家具

章节提示

本章主要呈现的是国外著名家具设计大师及其经典家具设计作品，通过鉴赏经典，开阔视野，提高审美能力。

第一节 国外著名家具设计大师及其作品

一、汉斯·韦格纳（Hans. J · Wegner，丹麦）

汉斯·韦格纳（图3-1）是世界公认的北欧风格的家具设计大师，他的设计融合了浓烈的北欧元素。他的作品造型结构科学严谨、细节处理完善，又能够充分彰显材料的特性。他试图运用传统手工艺的制作手法，融入富于人情味的现代美学，以打破国际主流风格的机械冷漠感，对北欧家具的风格带来了重要影响。他常常在椅子设计中巧妙运用圆润的转角，以增添给人的安全感与亲近感。韦格纳一生硕果累累，设计了超过500件高质量作品，不少作品即使在现在也依然是前卫且卓越的。

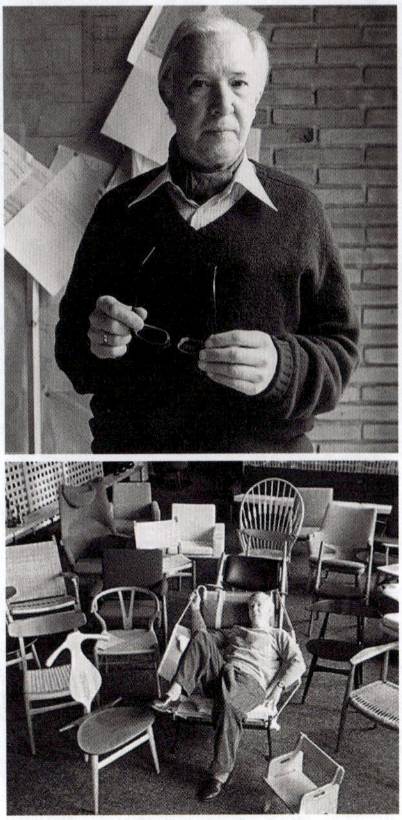

图3-1 汉斯·韦格纳及其作品

汉斯·韦格纳的代表作品有肯尼迪椅、Y形椅、肘椅、牛角椅、孔雀扶手椅、翅膀椅、三角贝壳椅和梳妆台椅等。

1. 肯尼迪椅（The Chair）

肯尼迪椅设计时间为1944年，材料为木与皮革，如图3-2所示。

2. Y形椅（Y Chair）

Y形椅设计时间为1949年，材料为木和绳，如图3-3所示。

3. 肘椅（Elbow Chair）

肘椅设计时间为1950年，材料为木与皮革，如图3-4所示。

4. 牛角椅（Cowhorn Chair）

牛角椅设计时间为1952年，材料为木与皮革，如图3-5所示。

5. 孔雀扶手椅（Peacock Chair）

孔雀扶手椅设计时间为1947年，材料为柚木与藤，如图3-6所示。

6. 翅膀椅（Wing Chair）

翅膀椅设计时间为1960年，材料为金属与布，如图3-7所示。

7. 三角贝壳椅（Three-Legged Shell Chair）

三角贝壳椅设计时间为1963年，材料为胶合板与布，如图3-8所示。

8. 梳妆台椅（The Valet Chair）

梳妆台椅设计时间为1953年，材料为实木，如图3-9所示。

图3-3 Y形椅（Y Chair）

图3-7 翅膀椅（Wing Chair）

图3-2 肯尼迪椅（The Chair）

图3-4 肘椅（Elbow Chair）

图3-8 三角贝壳椅（Three-Legged Shell Chair）

图3-5 牛角椅（Cowhorn Chair）

图3-6 孔雀扶手椅（Peacock Chair）

图3-9 梳妆台椅（The Valet Chair）

二、阿内尔·雅各布森（Arne Jacobsen，丹麦）

图 3-10 阿内尔·雅各布森

图 3-11 蚁椅（Ant Chair）

阿内尔·雅各布森（图3-10）出生于哥本哈根，年轻时做过泥瓦匠，后进入皇家艺术学院学习建筑。阿内尔·雅各布森在建筑、室内、家具和工业产品设计方面的综合成就使他成为20世纪的设计大师。

阿内尔·雅各布森的代表作品有蚁椅、蛋椅和天鹅椅等。

1. 蚁椅（Ant Chair）

蚁椅设计时间为1951年，材料为金属与胶合板，如图3-11所示。

2. 四腿蚁椅（Ant Chair）

四腿蚁椅设计时间为1955年，材料为金属与胶合板，如图3-12所示。

3. 可叠摞蚁椅（Ant Chair）

可叠摞蚁椅设计时间为1955年，材料为金属与胶合板，如图3-13所示。

4. 蛋椅（Egg Chair）

蛋椅设计时间为1958年，材料为钢材与聚苯乙烯，如图3-14所示。

5. 天鹅椅（Swan Chair）

天鹅椅设计时间为1958年，材料为钢材与聚苯乙烯，如图3-15所示。

图 3-12 四腿蚁椅（Ant Chair）

图 3-13 可叠摞蚁椅（Ant Chair）

图 3-14　蛋椅（Egg Chair）

图 3-15　天鹅椅（Swan Chair）

三、波尔·卡尔霍姆（Poul Kjaerholm，丹麦）

图3-16 波尔·卡尔霍姆

图3-17 PK22休闲椅（PK22 Easy Chair）

波尔·卡尔霍姆（图3-16）是木匠出身，曾在哥本哈根工艺美术学校任教，后转入皇家艺术学院建筑系，任家具设计专业教授。波尔·卡尔霍姆是丹麦设计界一位很独特的设计师，从他简洁明快的设计当中可以看到国际式的影子，但是却不会给人十分冷漠的感觉，因为他的作品同时又具有北欧独特的人文主义设计倾向。波尔·卡尔霍姆的成就使丹麦现代设计在设计界的地位更加稳固。波尔·卡尔霍姆在短短20年的设计生涯中，以他的努力和勤奋为丹麦现代设计赢得了荣誉，也成为丹麦设计全盛时期主要的设计大师之一。

波尔·卡尔霍姆的代表作品有PK22休闲椅、PK20躺椅和悬臂椅。

1. PK22休闲椅（PK22 Easy Chair）

PK22休闲椅设计时间为1956年，材料为钢材和皮革或藤，如图3-17所示。

2. PK20躺椅（PK20 Lounge Chair）

PK20躺椅设计时间为1967年，材料为钢材和皮革或藤，如图3-18所示。

3. 悬臂椅（Cantilever Chair）

悬臂椅设计时间为1965年，材料为钢材和藤，如图3-19所示。

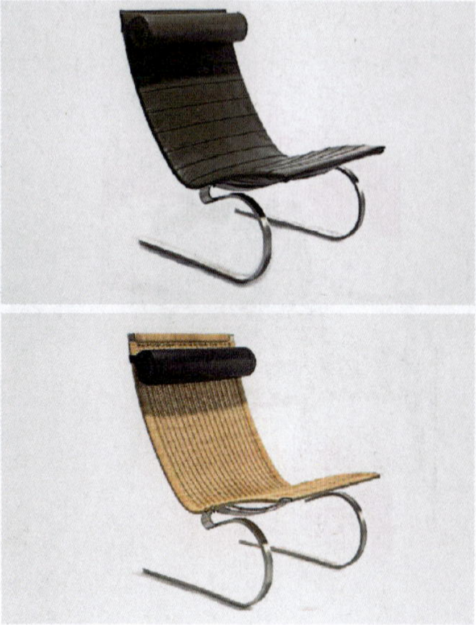

图3-18 PK20躺椅（PK20 Lounge Chair）

图3-19 悬臂椅（Cantilever Chair）

四、芬·居尔（Finn Juhl，丹麦）

芬·居尔（图3-20）对丹麦家具设计的贡献是在他的家具作品中逐渐体现出有机设计的新理念。他对材料的选用极其敏感和严格，在扶手椅中，他最终选择了柚木来实现对造型和结构的要求。他所设计的家具连接方式都相当独特，往往使人眼前一亮，并唤起人们对材料的重新认识。

图3-20 芬·居尔

芬·居尔的代表作品有扶手椅、鹈鹕椅、诗人沙发和酋长椅等。

1. NV-45扶手椅（NV-45 Chair）

NV-45扶手椅设计时间为1944年，材料为柚木与皮革，如图3-21所示。

2. 鹈鹕椅（Pelican Chair）

鹈鹕椅设计时间为1940年，材料为枫木与皮革，如图3-22所示。

3. 诗人沙发（Poeten）

诗人沙发设计时间为1941年，材料为木与布艺，如图3-23所示。

4. 酋长椅（Chieftains Chair）

酋长椅设计时间为1949年，材料为木与马鞍皮，如图3-24所示。

图3-21 NV-45扶手椅（NV-45 Chair）

图3-22 鹈鹕椅（Pelican Chair）

图3-23 诗人沙发（Poeten）

图3-24 酋长椅（Chieftains Chair）

五、维纳·潘顿（Verner Panton，丹麦）

图3-25　维纳·潘顿

维纳·潘顿（图3-25）被认为是20世纪最具影响力的丹麦家具和室内设计师。他自始至终是以彻底“革命性”的态度对待设计，总是对先进的技术和新式的材料感兴趣，他大胆设计、创新、反传统，大胆运用鲜明色彩，有时还会充满戏谑的情调。维纳·潘顿的设计一贯造型大胆、色彩鲜艳，除了创新还是创新。他设计出世界上第一件一次模压成型的塑料家具，还开发设计了一系列极不寻常的所谓的“艺术切割家具”，就是以纯粹的几何体量，如立方体、球体、圆柱体或圆锥体等，构造出的一种全新的坐具系列。

维纳·潘顿的代表作品有潘顿椅、锥形椅和心形椅等。

1. 潘顿椅（Panton Chair）

潘顿椅设计时间为1960年，材料为玻璃钢，如图3-26所示。

2. 锥形椅（Cone Chair）

锥形椅设计时间为1958年，材料为金属与布艺，如图3-27所示。

3. 心形椅（Heart Cone Chair）

心形椅设计时间为1959年，材料为金属与布艺，如图3-28所示。

图3-26　潘顿椅（Panton Chair）

图3-27　锥形椅（Cone Chair）

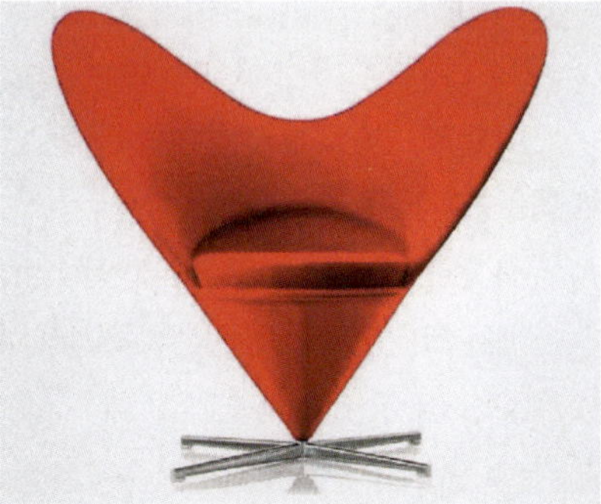
图3-28　心形椅（Heart Cone Chair）

六、勒·柯布西耶（Le Corbusier，德国）

图 3-29　勒·柯布西耶

勒·柯布西耶（图3-29）是对当代生活影响较大的建筑师，是20世纪文艺复兴的巨人，是毕生充满活力、永无休止进行创造的设计大师、建筑大师和艺术大师。在现代建筑运动中，他有效地充当了前后两大阶级的旗手：20世纪20年代的功能理性主义和后来更广泛的有机建筑阶段。他是20世纪多才多艺的大师：建筑师、规划师、家具设计师、现代派画家、挂毯设计师。

勒·柯布西耶的代表作品有大安乐椅、长躺椅、巴斯库兰椅和围困转向椅等。

1. 大安乐椅（Grand Comfort Chair）

大安乐椅设计时间为1928年，材料为钢管与皮革，如图3-30所示。

图 3-30　大安乐椅（Grand Comfort Chair）

2. 长躺椅（Chaise Lounge）

长躺椅设计时间为1928年，材料为钢管与皮革，如图3-31所示。

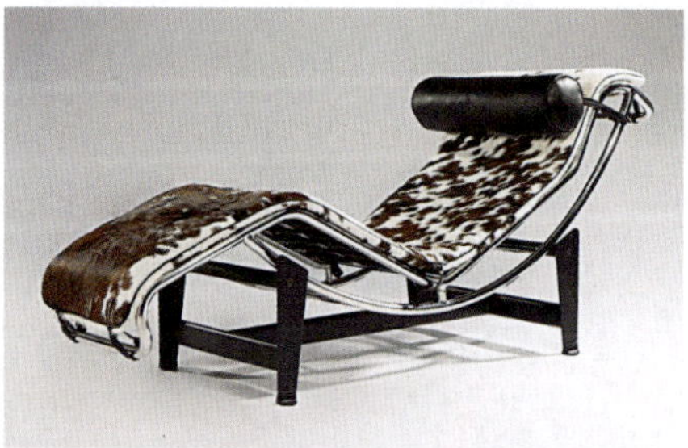

图 3-31　长躺椅（Chaise Lounge）

3. 巴斯库兰椅（Basculant Chair）

巴斯库兰椅设计时间为1928年，材料为钢管与皮革，如图3-32所示。

图 3-32　巴斯库兰椅(Basculant Chair）

4. 围困转向椅（Siege Tournant Chair）

围困转向椅设计时间为1928年，材料为钢管与皮革，如图3-33所示。

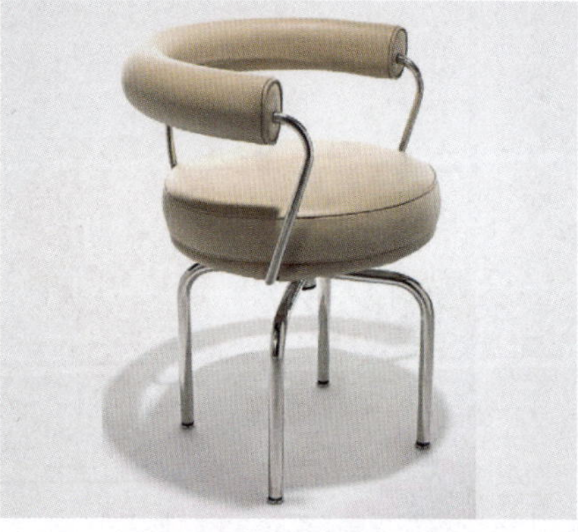

图 3-33　围困转向椅（Siege Tournant Chair）

七、马歇尔·布劳耶（Marcel Breuer，匈牙利）

图 3-34　马歇尔·布劳耶

马歇尔·布劳耶（图3-34）生于匈牙利，父亲是一位医生。马歇尔·布劳耶从小就喜爱绘画和雕刻，进入包豪斯学习后，他结识了许多设计大师，如密斯、格罗皮乌斯和柯布西耶等。在建筑设计方面，马歇尔·布劳耶受他们的影响很大，但是他在家具设计方面的天赋却令所有同仁敬佩。他在包豪斯主要负责家具设计方面的工作，是世界上第一位使用弯曲钢管设计现代椅的设计师。

马歇尔·布劳耶的代表作品为瓦西里椅。瓦西里椅设计时间为1925年，材料为镀铬钢管马皮革或纺织品，如图3-35所示。

图 3-35　瓦西里椅（Wassily Chair）

八、密斯·凡·德·罗（Ludwig Mies Van der Rohe，德国）

密斯·凡·德·罗（图3-36）坚持“少就是多”的建筑设计哲学，认为技术的最高境界在于实现艺术，在处理手法上主张流动空间的新概念，其作品不仅在建筑方面，而且在建筑内部的家具方面都遵循着这一设计原则，这一响亮的口号在相当长的时间内成为现代主义的至理名言，它是现代主义中的功能主义和理性主义的精辟阐述。

图3-36 密斯·凡·德·罗

密斯·凡·德·罗的代表作品有巴塞罗那椅、布鲁诺椅和先生椅等。

1. 巴塞罗那椅（Barcelona Chair）

巴塞罗那椅设计时间为1929年，材料为钢管与皮革，如图3-37所示。

2. 布鲁诺椅（Bruno Chair）

布鲁诺椅设计时间为1930年，材料为钢管与皮革，如图3-38所示。

3. 先生椅（Mr. Chair）

先生椅设计时间1926年，材料为钢管与皮革或帆布等，如图3-39所示。

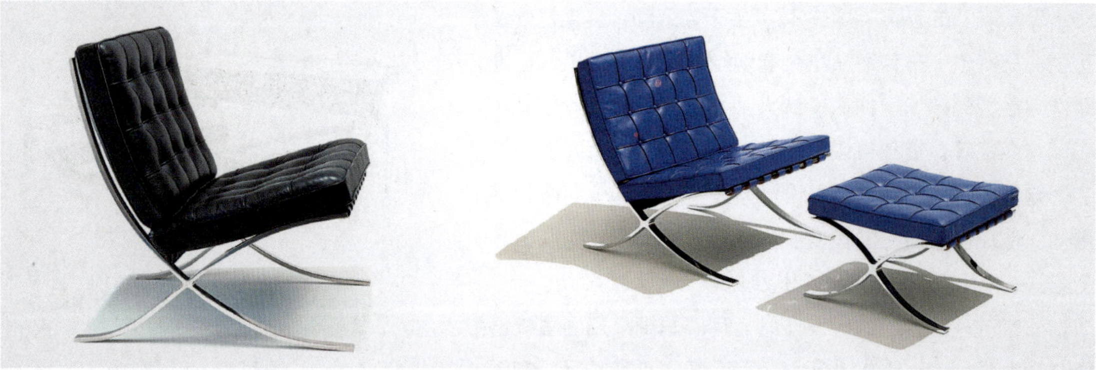
图3-37 巴塞罗那椅(Barcelona Chair)

图3-38 布鲁诺椅(Bruno Chair)

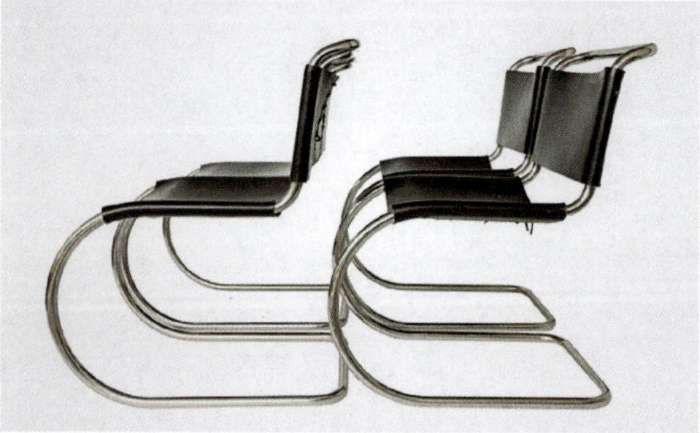
图3-39 先生椅(Mr. Chair)

九、埃罗·沙里宁（Eero Saarinen，美国）

图 3-40　埃罗·沙里宁

图 3-41　胎椅（Womb Chair）

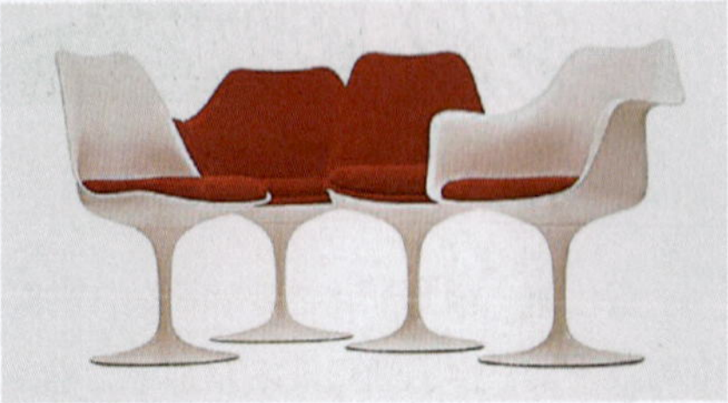

图 3-42　郁金香椅（Tulip Chair）

埃罗·沙里宁（图3-40），是设计大师埃列尔·沙里宁（Eliel Saarinen）之子，又称为小沙里宁。他出生于芬兰，1923年到美国，其父亲是一位著名的建筑师，母亲则是一位雕刻编织家。埃罗·沙里宁的家具设计被认为是20世纪50至60年代有机设计的典范。常常体现出"有机"的自由形态，而不是冰冷、刻板的几何形。

埃罗·沙里宁的代表作品有胎椅、郁金香椅、蛋杯豆荚椅、大班椅和大班扶手椅等。

1. 胎椅（Womb Chair）

胎椅设计时间为1946年，材料为弯曲钢结构、织物装饰注模纤维玻璃椅壳、乳胶泡沫软垫和锦纶伸缩纤，如图3-41所示。

2. 郁金香椅（Tulip Chair）

郁金香椅设计时间为1955年，材料为织物覆面装饰加强多元酯纤维玻璃椅壳、铝质支架和底座，如图3-42所示。

3. 蛋杯豆荚椅（Egg Cup Pod Chair）

蛋杯豆荚椅设计时间为1967年，材料为织物覆面装饰加强多元酯纤维玻璃椅壳、铝质支架和底座，如图3-43所示。

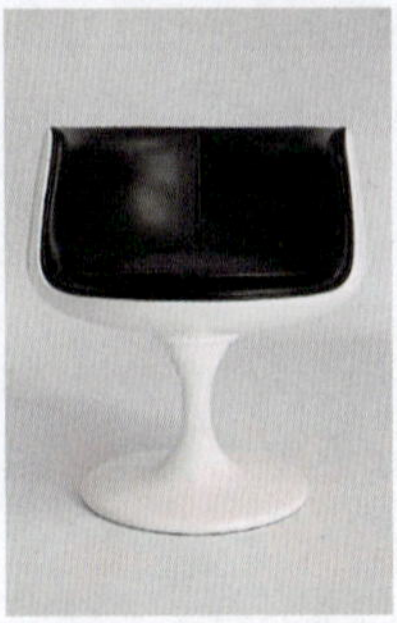

图 3-43　蛋杯豆荚椅（Egg Cup Pod Chair）

图 3-44　大班椅（Executive Side Chair）

4. 大班椅（Executive Side Chair）

大班椅设计时间为1948年，材料为皮革与金属，如图3-44所示。

5. 大班扶手椅（Executive Arm Chair）

大班扶手椅设计时间为1957年，材料为皮革与金属，如图3-45所示。

图 3-45　大班扶手椅（Executive Arm Chair）

十、查尔斯·伊姆斯（Charles Eames，美国）

图 3-46　查尔斯·伊姆斯（左）

查尔斯·伊姆斯（图3-46）的家具设计范围极广，从不局限于某一种思潮和技术派别中，看起来似乎没有什么确定的风格，因为他只强调每件作品的统一性和实用性，一切设计都从实际出发，考虑个人需要来寻找材料，探索细节，家具设计似乎缺少风格上的连贯性，由此而产生了独特的美学思想，被称为“伊姆斯美学”。查尔斯·伊姆斯的每件家具都经久实用，并能应用于许多不同的场合，居住、商业或是办公空间。

查尔斯·伊姆斯的代表作品有模压胶合板椅、模压胶合板桌、伊姆斯躺椅和脚凳、DAR壳体椅、塑料椅、胶背椅、带十字底座的餐厅扶手椅、摇摆扶手椅、有机椅等。

1. 模压胶合板椅

模压胶合板椅设计时间为1946年，材料为镀铬钢管与胶合板，如图3-47所示。

图 3-47　模压胶合板椅

2. 模压胶合板桌

模压胶合板桌设计时间为1946年，材料为镀铬钢管与胶合板，如图3-48所示。

图 3-48　模压胶合板桌

3. 伊姆斯躺椅和脚凳

伊姆斯躺椅和脚凳设计时间为1949年，材料为花梨木面注模胶气板椅壳、皮革覆面装饰软垫、镀铬金属底座，如图3-49所示。

图 3-49　伊姆斯躺椅和脚凳

4. DAR 壳体椅

DAR壳体椅设计时间为1949年，材料为注模多元酯纤维玻璃椅座、“EIFFEL塔”金属脚架和橡皮缓冲垫，如图3-50所示。

图 3-50　DAR壳体椅

5. DSR 塑料椅

DSR塑料椅设计时间为1959年，材料为注模多元酯纤维玻璃椅座、“EIFFEL塔”金属脚架和橡皮缓冲垫，如图3-51所示。

6. DSW 胶背椅

DSW胶背椅设计时间为1950年，材料为注模多元酯纤维玻璃椅座、“EIFFEL塔”金属脚架和橡皮缓冲垫，如图3-52所示。

7. 带十字底座的餐厅扶手椅

带十字底座的餐厅扶手椅设计时间为1948年，材料为玻璃钢、不锈钢与木，如图3-53所示。

8. 摇摆扶手椅

摇摆扶手椅设计时间为1948年，材料为注模多元酯纤维玻璃结构、金属脚架及桦木滑橇椅腿，如图3-54所示。

9. 有机椅

有机椅的设计时间为1940年，材料为层压板座椅外壳、榉木腿和布，如图3-55所示。

图3-51 DSR 塑料椅

图3-52 DSW 胶背椅

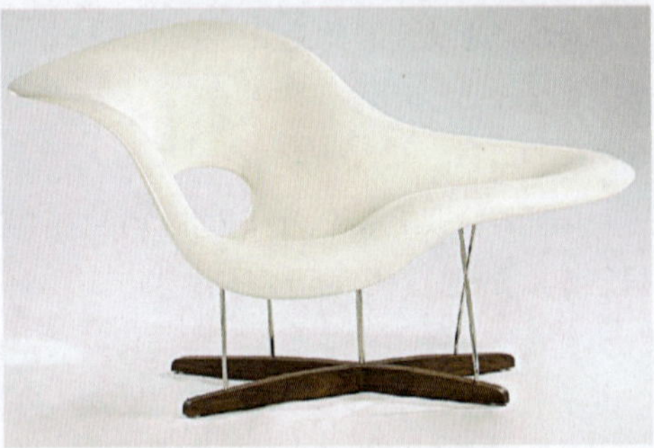

图3-53 带十字底座的餐厅扶手椅

图3-54 摇摆扶手椅

图3-55 有机椅

十一、阿尔瓦·阿尔托（Alvar Aalto，芬兰）

阿尔瓦·阿尔托（图3-56）被称作北欧设计之父，芬兰设计的先驱，他是芬兰乃至世界著名的建筑师、工业设计师、家具设计师，同时也是20世纪带给人们最多家具设计革新理念的北欧设计学派的领军人物。他创立了“可弯曲木材”技术，将桦木巧妙地模压成流畅的曲线，将多层单板胶合起来，然后模压成胶合板，这一系列实验创造了当时最具创新性的椅子。

图3-56 阿尔瓦·阿尔托

阿尔瓦·阿尔托的代表作品有Paimio椅、viipuri凳和层压胶合板悬挑椅等。

1. Paimio椅

Paimio椅设计时间为1930—1931年，材料为桦木多层复合板，如图3-57所示。

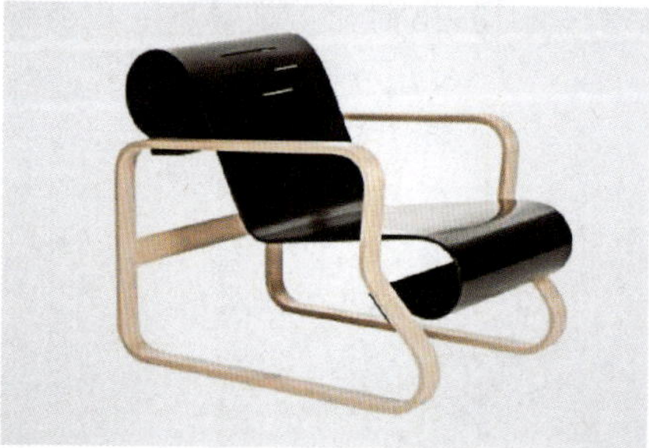

图3-57 Paimio椅

2. viipuri凳

viipuri凳设计时间为1932—1933年，材料为层压桦木，如图3-58所示。

3. 层压胶合板悬挑椅

层压胶合板悬挑椅设计时间为1931—1932年，材料为层压桦木，如图3-59所示。

图3-58 viipuri凳

图3-59 层压胶合板悬挑椅

十二、艾洛·阿尼奥（Eero Aarmio，芬兰）

艾洛·阿尼奥（图3-60）出生于芬兰，25岁毕业于赫尔辛基工业美术学校，30岁时开办了自己的设计师事务所。艾洛·阿尼奥是一位“以艺术为本”的家具设计大师，同时又是一位倡导浪漫主义的设计大师，他还被称为“北欧学派”的叛逆人物。他的作品高度艺术化，及时体现时代气息，充分体现了国际流行思潮与设计师气质有机结合，形成独特风格。

图3-60　艾洛·阿尼奥

艾洛·阿尼奥的代表作品有球椅、泡泡椅、糖果椅、番茄椅等。

1. 球椅（Ball Chair）

球椅设计时间为1964年，材料为玻璃钢，如图3-61所示。

2. 泡泡椅（Bubble Chair）

泡泡椅设计时间为1966年，材料为亚克力，如图3-62所示。

3. 糖果椅（Pastil Chair）

糖果椅设计时间为1967年，材料为玻璃钢，如图3-63所示。

4. 番茄椅（Tomato Chair）

番茄椅设计时间为1971年，材料为玻璃钢，如图3-64所示。

图3-61　球椅（Ball Chair）

图3-62　泡泡椅（Bubble Chair）

图3-63　糖果椅（Pastil Chair）

图3-64　番茄椅（Tomato Chair）

十三、阿里托（哈里）· 贝尔托亚［Arieto（Harry）Bertoia，美国］

阿里托（哈里）· 贝尔托亚（图3-65）的代表作品有钻石椅和钻石安乐椅等。

1. 钻石椅（Diamond Chair）

钻石椅设计时间为1950—1952年，材料为涂以乙烯树脂的弯曲焊接钢结构、钢丝和橡胶，如图3-66所示。

2. 钻石安乐椅（Diamond Lounge Chair）

钻石安乐椅设计时间为1950—1952年，材料为涂以乙烯树脂的弯曲焊接钢、钢丝和橡胶，如图3-67所示。

图3-65 阿里托（哈里）· 贝尔托亚

图3-66 钻石椅（Diamond Chair）

图3-67 钻石安乐椅（Diamond Lounge Chair）

十四、约里奥·库卡波罗（Yrjo Kukkapuro，芬兰）

图 3-68 约里奥·库卡波罗

图 3-69 卡路赛利椅（Karuselli Lounge Chair）

约里奥·库卡波罗（图3-68）是芬兰国宝级设计师，是继早期几位现代主义大师后杰出的当代设计大师之一。他在现代家具设计领域创造了很多经典之作，曾获芬兰共和国设计奖，芬兰总统奖，美国USA/IBO奖等，并历任赫尔辛基艺术设计大学教授、校长，荣获北欧最高学术称号——教授艺术家。

约里奥·库卡波罗的代表作品有卡路赛利椅、费西奥椅、试验椅子系列等。

1. 卡路赛利椅（Karuselli Lounge Chair）

卡路赛利椅设计时间为1964年，材料为玻璃钢与皮革，如图3-69所示。

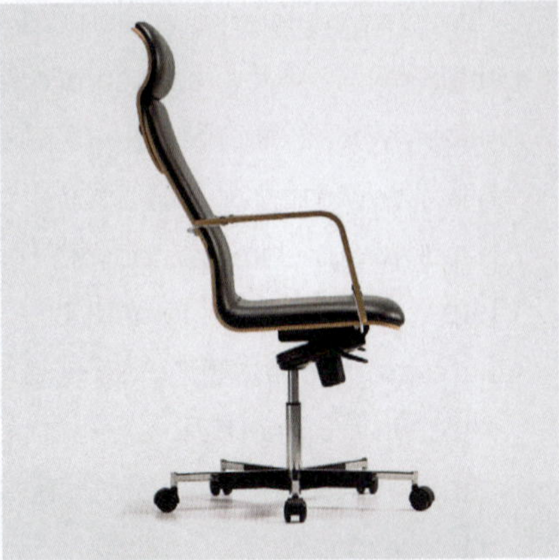

图 3-70 费西奥椅（Fysio Chair）

2. 费西奥椅（Fysio Chair）

费西奥椅为全世界第一把完全根据人体形态设计的办公室座椅，设计时间为1978年，材料为桦木胶合板，如图3-70所示。

3. 试验椅子系列（Experiment Chairs）

试验椅子系列设计时间为1981—1983年，材料为金属与皮革，如图3-71所示。

图 3-71 试验椅子系列（Experiment Chairs）

第二节 优秀家具设计网站

优秀家具设计网站：

http://jjzz.sdpt.com.cn/职业教育家具设计与制造专业教学资源库

http://www.sj33.cn/设计之家

http://www.shejipi.com/设计癖

http://www.visionunion.com/ 视觉同盟

http://cn.furnitureinchina.com/家具在线

http://www.zmumu.net/明清家具网

http://www.hongmu.info/中国红木网

http:www.dolcn.com设计在线

http://www.id-china.com.cn/美国室内设计中文网

http://www.cnfa.com.cn/中国家具协会

国内优秀家具品牌：

https://www.landbond.com/联邦

http://www.qumei.com/曲美

https://www.markorhome.com/美克美家

http://www.zuoyou-sofa.com/index.aspx左右

http://www.kukahome.com/顾家家居

http://www.roling.cn/荣麟家居

http://www.linshimuye.com/林氏木业

https://www.zaozuo.com/造作

http://mzgf.com/木智工坊

http://www.fnji.net梵几

http://www.shang-xia.com 上下

http://www.inpusu.com璞素

http://zhengshe.tmall.com铮舍

http://www.banmoo.cn半木

http://www.yojialife.com/ U+

http://www.pingze.cn/平仄家

家具展览会网站：

https://www.salonemilano.it/意大利米兰国际家具展览会

http://www.imm-cologne.com/德国科隆国际家具展览会

http://www.ihfc.com/美国高点家具展览会

http://www.ciff-gz.com/index中国（广州）国际家具博览会

https://www.szcreativeweek.com/深圳国际家具展

http://www.gde3f.com/index.html国际名家具（东莞）展览会

参 考 文 献

[1] 胡景初，李敏秀. 家具设计辞典 [M]. 北京：中国林业出版社，2009.

[2] 刘文金，唐立华. 当代家具设计理论研究 [M]. 北京：中国林业出版社，2007.

[3] 崔闽清，田勇，王润强. 家具设计 [M]. 长沙：湖南人民出版社，2015.

[4] 胡爱萍，闫永祥. 家具设计 [M]. 北京：中国轻工业出版社，2017.

[5] 钱芳兵，刘媛. 家具设计 [M]. 北京：中国水利水电出版社，2012.

[6] 李卓，何靖泉. 家具设计 [M]. 北京：中国水利水电出版社，2015.

[7] 吴智慧. 绿色家具技术 [M]. 北京：中国林业出版社，2006.